U0081890

著

Pieceduino氣氛燈
程式開發(智慧家庭篇)

Using Pieceduino to Develop a
WIFI-Controlled Hue Light Bulb
(Smart Home Series)

自序

　　物聯網系列系列的書是我出版至今五年多，出書量也破百本大關，到今日最受歡迎的系列。當初出版電子書是希望能夠在教育界開一門 Maker 自造者相關的課程，沒想到一寫就已過五年，繁簡體加起來的出版數也已也破百本的量，這些書都是我學習當一個 Maker 累積下來的成果。

　　這本書是運用 PieceDuino 開發板，因其功能強大、體積非常小，所以將此開發板開發氣氛燈泡，可以說是水到渠成，這樣的一個產品開發，可以說是我的書另一個里程碑，因為這樣的產品，在飛利浦開發出 Heu 燈泡時，其單價高得令人不敢親近，而這樣的技術更是物聯網技術中，智慧家居的必要核心產品。

　　筆著鑒於這樣的機緣，思考著『如何駭入眾人現有知識寶庫轉換為我的知識』的思維，如果我們可以駭入產品結構與設計思維，那麼了解產品的機構運作原理與方法就不是一件難事了。更進一步我們可以將原有產品改造、升級、創新，並可以將學習到的技術運用其他技術或新技術領域，透過這樣學習思維與方法，可以更快速的掌握研發與製造的核心技術，相信這樣的學習方式，會比起在已建構好的開發模組或學習套件中學習某個新技術或原理，來的更踏實的多。

　　目前許多學子在學習程式設計之時，恐怕最不能了解的問題是，我為何要寫九九乘法表、為何要寫遞迴程式，為何要寫成函式型式…等等疑問，只因為在學校的學子，學習程式是為了可以了解『撰寫程式』的邏輯，並訓練且建立如何運用程式邏輯的能力，解譯現實中面對的問題。然而現實中的問題往往太過於複雜，授課的老師無法有多餘的時間與資源去解釋現實中複雜問題，期望能將現實中複雜問題淬鍊成邏輯上的思路，加以訓練學生其解題思路，但是眾多學子宥於現實問題的困惑，無法單純用純粹的解題思路來進行學習與訓練，反而以現實中的複雜來反駁老師教學太過學理，沒有實務上的應用為由，拒絕深入學習，這樣的情形，反而自己造成了學習上的障礙。

　　本系列的書籍，針對目前學習上的盲點，希望讀者當一位產品駭客，將現有產品的產品透過逆向工程的手法，進而了解核心控制系統之軟硬體，再透過簡單易學的 Arduino 單晶片與 C 語言，重新開發出原有產品，進而改進、加強、創新其原有產品固有思維與架構。如此一來，因為學子們進行『重新開發產品』過程之中，可以很有把握的了解自己正在進行什麼，對於學習過程之中，透過實務需求導引著開發過程，可以讓學子們讓實務產出與邏輯化思考產生關連，如此可以一掃過去陰霾，更踏實的進行學習。

這五年多以來的經驗分享，逐漸在這群學子身上看到發芽，開始成長，覺得 Maker 的教育方式，極有可能在未來成為教育的主流，相信我每日、每月、每年不斷的努力之下，未來 Maker 的教育、推廣、普及、成熟將指日可待。

最後，請大家可以加入 Maker 的 Open Knowledge 的行列。

曹永忠 於貓咪樂園

自序

記得自己在大學資訊工程系修習電子電路實驗的時候,自己對於設計與製作電路板是一點興趣也沒有,然後又沒有天分,所以那是苦不堪言的一堂課,還好當年有我同組的好同學,努力的照顧我,命令我做這做那,我不會的他就自己做,如此讓我解決了資訊工程學系課程中,我最不擅長的課。

當時資訊工程學系對於設計電子電路課程,大多數都是專攻軟體的學生去修習時,系上的用意應該是要大家軟硬兼修,尤其是在台灣這個大部分是硬體為主的產業環境,但是對於一個軟體設計,但是缺乏硬體專業訓練,或是對於眾多機械機構與機電整合原理不太有概念的人,在理解現代的許多機電整合設計時,學習上都會有很多的困擾與障礙,因為專精於軟體設計的人,不一定能很容易就懂機電控制設計與機電整合。懂得機電控制的人,也不一定知道軟體該如何運作,不同的機電控制或是軟體開發常常都會有不同的解決方法。

除非您很有各方面的天賦,或是在學校巧遇名師教導,否則通常不太容易能在機電控制與機電整合這方面自我學習,進而成為專業人員。

而自從有了 Arduino 這個平台後,上述的困擾就大部分迎刃而解了,因為 Arduino 這個平台讓你可以以不變應萬變,用一致性的平台,來做很多機電控制、機電整合學習,進而將軟體開發整合到機構設計之中,在這個機械、電子、電機、資訊、工程等整合領域,不失為一個很大的福音,尤其在創意掛帥的年代,能夠自己創新想法,從 Original Idea 到產品開發與整合能夠自己獨立完整設計出來,自己就能夠更容易完全了解與掌握核心技術與產業技術,整個開發過程必定可以提供思維上與實務上更多的收穫。

Arduino 平台引進台灣自今,雖然越來越多的書籍出版,但是從設計、開發、製作出一個完整產品並解析產品設計思維,這樣產品開發的書籍仍然鮮見,尤其是能夠從頭到尾,利用範例與理論解釋並重,完完整整的解說如何用 Arduino 設計出一個完整產品,介紹開發過程中,機電控制與軟體整合相關技術與範例,如此的書籍更是付之闕如。永忠、英德兄與敝人計畫撰寫 Maker 系列，就是基於這樣對市場需要的觀察，開發出這樣的書籍。

　　作者出版了許多的 Arduino 系列的書籍，深深覺的，基礎乃是最根本的實力，所以回到最基礎的地方，希望透過最基本的程式設計教學，來提供眾多的 Makers 在入門 Arduino 時，如何開始，如何攥寫自己的程式，進而介紹不同的週邊模組，主要的目的是希望學子可以學到如何使用這些週邊模組來設計程式，期望在未來產品開發時，可以更得心應手的使用這些週邊模組與感測器，更快將自己的想法實現，希望讀者可以了解與學習到作者寫書的初衷。

　　　　　　　　　　　　　許智誠　　於中壢雙連坡中央大學 管理學院

自序

　　隨著資通技術(ICT)的進步與普及，取得資料不僅方便快速，傳播資訊的管道也多樣化與便利。然而，在網路搜尋到的資料卻越來越巨量，如何將在眾多的資料之中篩選出正確的資訊，進而萃取出您要的知識？如何獲得同時具廣度與深度的知識？如何一次就獲得最正確的知識？相信這些都是大家共同思考的問題。

　　為了解決這些困惱大家的問題，永忠、智誠兄與敝人計畫製作一系列「Maker系列」書籍來傳遞兼具廣度與深度的軟體開發知識，希望讀者能利用這些書籍迅速掌握正確知識。首先規劃「以一個 Maker 的觀點，找尋所有可用資源並整合相關技術，透過創意與逆向工程的技法進行設計與開發」的系列書籍，運用現有的產品或零件，透過駭入產品的逆向工程的手法，拆解後並重製其控制核心，並使用 Arduino相關技術進行產品設計與開發等過程，讓電子、機械、電機、控制、軟體、工程進行跨領域的整合。

　　近年來 Arduino 異軍突起，在許多大學，甚至高中職、國中，甚至許多出社會的工程達人，都以 Arduino 為單晶片控制裝置，整合許多感測器、馬達、動力機構、手機、平板...等，開發出許多具創意的互動產品與數位藝術。由於 Arduino 的簡單、易用、價格合理、資源眾多，許多大專院校及社團都推出相關課程與研習機會來學習與推廣。

　　以往介紹 ICT 技術的書籍大部份以理論開始、為了深化開發與專業技術，往往忘記這些產品產品開發背後所需要的背景、動機、需求、環境因素等，讓讀者在學習之間，不容易了解當初開發這些產品的原始創意與想法，基於這樣的原因，一般人學起來特別感到吃力與迷惘。

　　本書為了讀者能夠深入了解產品開發的背景，本系列整合 Maker 自造者的觀念與創意發想，深入產品技術核心，進而開發產品，只要讀者跟著本書一步一步研習與實作，在完成之際，回頭思考，就很容易了解開發產品的整體思維。透過這樣的思路，讀者就可以輕易地轉移學習經驗至其他相關的產品實作上。

所以本書是能夠自修的書，讀完後不僅能依據書本的實作說明準備材料來製作，盡情享受 DIY(Do It Yourself)的樂趣，還能了解其原理並推展至其他應用。有興趣的讀者可再利用書後的參考文獻繼續研讀相關資料。

本書的發行有新的創舉，就是以電子書型式發行，在國家圖書館 (http://www.ncl.edu.tw/)、國立公共資訊圖書館 National Library of Public Information(http://www.nlpi.edu.tw/)、台灣雲端圖庫(http://www.ebookservice.tw/)等都可以免費借閱與閱讀，如要購買的讀者也可以到許多電子書網路商城、Google Books 與 Google Play 都可以購買之後下載與閱讀。希望讀者能珍惜機會閱讀及學習，繼續將知識與資訊傳播出去，讓有興趣的眾人都受益。希望這個拋磚引玉的舉動能讓更多人響應與跟進，一起共襄盛舉。

本書可能還有不盡完美之處，非常歡迎您的指教與建議。近期還將推出其他 Arduino 相關應用與實作的書籍，敬請期待。

最後，請您立刻行動翻書閱讀。

蔡英德 於台中沙鹿靜宜大學主顧樓

目 錄

自序 ii

自序 iv

自序 vi

目 錄 viii

物聯網系列 .... - 1 -

開發板介紹 .... - 3 -

控制 LED 燈泡 .... - 8 -

    發光二極體 .... - 9 -

    控制發光二極體發光 .... - 10 -

    章節小結 .... - 13 -

控制雙色 LED 燈泡 .... - 15 -

    雙色發光二極體 .... - 15 -

    控制雙色發光二極體發光 .... - 16 -

    章節小結 .... - 20 -

控制全彩 LED 燈泡 .... - 22 -

    全彩二極體 .... - 22 -

    控制全彩發光二極體發光 .... - 23 -

    章節小結 .... - 28 -

全彩 LED 燈泡混色原理 .... - 31 -

    全彩二極體 .... - 31 -

    混色控制全彩發光二極體發光 .... - 32 -

    章節小結 .... - 47 -

控制 WS2812 燈泡模組 .... - 49 -

    WS2812B 全彩燈泡模組特點 .... - 50 -

    主要應用領域 .... - 50 -

    串列傳輸 .... - 51 -

    WS2812B 全彩燈泡模組 .... - 51 -

控制 WS2812B 全彩燈泡模組 .... - 53 -

章節小結 .... - 58 -

基礎程式設計 .... - 60 -

開發板介紹 .... - 60 -

TCP/IP 通訊基礎開發 .... - 61 -

App Inventor 2 上傳原始碼 .... - 63 -

手機 WIFI 基本通訊功能開發 .... - 67 -

系統設定 .... - 68 -

TCP/IP 擴充設定 .... - 69 -

使用 TCP/IP 元件 .... - 73 -

主介面開發 .... - 75 -

網路連接介面開發 .... - 81 -

傳送文字介面開發 .... - 83 -

控制程式開發-初始化 .... - 87 -

建立 APK 安裝檔 .... - 89 -

系統測試 .... - 90 -

章節小結 .... - 94 -

氣氛燈泡專案介紹 .... - 96 -

WS2812B 模組介紹 .... - 96 -

使用 WS2812B 模組 .... - 99 -

WS 2812B 電路組立 .... - 99 -

透過命令控制 WS2812B 顯示顏色 .... - 102 -

控制命令解釋 .... - 105 -

使用 TCP/IP 控制燈泡 .... - 115 -

安裝手機端 TCP 通訊程式 .... - 121 -

章節小結 .... - 127 -

氣氛燈泡外殼組裝 .... - 130 -

LED 燈泡外殼 .... - 130 -

E27 金屬燈座殼 .... - 131 -

接出 E27 金屬燈座殼電力線 .... - 132 -

準備 AC 交流轉 DC 直流變壓器 .... - 133 -

連接 AC 交流轉 DC 直流變壓器 .... - 134 -

連接 DC 輸出 .... - 134 -

放入 AC 交流轉 DC 直流變壓器於燈泡內 .... - 135 -

準備 WS2812B 彩色燈泡模組 .... - 135 -

WS2812B 彩色燈泡模組電路連接 .... - 136 -

Pieceduino 開發板置入燈泡 .... - 139 -

準備燈泡隔板 .... - 140 -

裁減燈泡隔板 .... - 140 -

WS2812B 彩色燈泡模組黏上隔板 .... - 141 -

WS2812B 彩色燈泡隔板放置燈泡上 .... - 141 -

蓋上燈泡上蓋 .... - 142 -

完成組立 .... - 142 -

燈泡放置燈座與插上電源 .... - 143 -

插上電源 .... - 143 -

軟體下載 .... - 144 -

軟體安裝 .... - 146 -

設定網路執行環境 .... - 151 -

桌面執行軟體 .... - 154 -

執行 Pieceduino 控制氣氛燈之應用程式 .... - 155 -

燈泡展示畫面 .... - 157 -

章節小結 .... - 158 -

手機應用程式開發 .... - 160 -

    如何執行 AppInventor 程式 .... - 160 -

    開啟新專案 .... - 162 -

    系統設定 .... - 164 -

    TCP/IP 擴充設定 .... - 165 -

    使用 TCP/IP 元件 .... - 169 -

    使用時鐘元件 .... - 171 -

    主介面開發 .... - 172 -

    開發網路連接功能 .... - 180 -

    開發變更顏色功能 .... - 182 -

    開發預覽顏色功能 .... - 197 -

    開發及時預覽顏色功能 .... - 202 -

    開發顯示 Debug 訊息 .... - 207 -

    色盤控制介面開發 .... - 209 -

    系統控制介面開發 .... - 214 -

    控制程式開發-初始化 .... - 218 -

    控制程式開發-建立變數 .... - 219 -

    控制程式開發-系統初始化 .... - 225 -

    控制程式開發-建立網路控制 .... - 228 -

    控制程式開發-共用函式設計 .... - 234 -

    控制程式開發-連接氣氛燈泡 .... - 240 -

    控制程式開發-使用者操作 .... - 241 -

    控制程式開發-即時顯示自動傳送程序 .... - 245 -

    系統測試-啟動 AICompanion .... - 245 -

    系統測試-進入系統 .... - 249 -

    系統測試-控制 RGB 燈泡並預覽顏色 .... - 251 -

系統測試-控制 RGB 燈泡並實際變更顏色...................................- 252 -

結束系統測試..- 256 -

章節小結..- 257 -

進階程式開發色盤功能..- 259 -

開啟原有專案..- 259 -

修改系統名稱..- 261 -

進行擴增..- 263 -

色盤介面..- 264 -

系統對話盒..- 269 -

控制程式開發-初始化..- 271 -

控制程式開發-建立變數..- 272 -

控制程式開發-使用者函式設計..- 273 -

控制程式開發-色盤控制..- 274 -

控制程式開發-擴充對話盒視窗..- 275 -

系統測試-啟動 AICompanion..- 277 -

系統測試-進入系統..- 281 -

系統測試-控制 RGB 燈泡..- 282 -

系統測試-控制 RGB 燈泡並實際變更顏色...............................- 283 -

結束系統測試..- 289 -

章節小結..- 292 -

本書總結...- 293 -

附錄..- 294 -

Pieceduino 腳位圖..- 294 -

燈泡變壓器腳位圖..- 295 -

參考文獻..- 296 -

物聯網系列

　　本書是『物聯網系列』之『智慧家庭篇氣氛燈泡』的第四本書，是筆者針對智慧家庭為主軸，進行開發各種智慧家庭產品之小小書系列，主要是給讀者熟悉使用 Arduino Compatiable 開發板：PieceDuino 開發板(網址：http://www.pieceduino.com/) 來開發氣氛燈泡之商業版雛型(ProtoTyping)，進而介紹這些產品衍伸出來的技術、程式攥寫技巧，以漸進式的方法介紹、使用方式、電路連接範例等等。

　　PieceDuino 開發板最強大的特點：他是完全 Arduino Compatiable 開發板，搭載 Lenonard 相同的單晶片 ：ATmega32u4，並在板內加上無線模組:ESP8266 WiFi Module，無線網路涵蓋距離，在不外加天線之下，就可以到達 20 公尺，這對於家庭運用上，不只是足夠，還是遠遠超過其需求。

　　更重要的是它的簡單易學的開發工具，最強大的是它網路功能與簡單易學的模組函式庫，幾乎 Maker 想到應用於物聯網開發的東西，可以透過眾多的周邊模組，都可以輕易的將想要完成的東西用堆積木的方式快速建立，而且價格比原廠 Arduino Yun 或 Arduino + Wifi Shield 更具優勢，最強大的是這些周邊模組對應的函式庫，瑞昱科技有專職的研發人員不斷的支持，讓 Maker 不需要具有深厚的電子、電機與電路能力，就可以輕易駕御這些模組。

　　所以本書要介紹台灣、中國、歐美等市面上最常見的智慧家庭產品，使用逆向工程的技巧，推敲出這些產品開發的可行性技巧，並以實作方式重作這些產品，讓讀者可以輕鬆學會這些產品開發的可行性技巧，進而提升各位 Maker 的實力，希望筆者可以推出更多的入門書籍給更多想要進入『PieceDuino 開發板』、『物聯網』這個未來大趨勢，所有才有這個物聯網系列的產生。

CHAPTER

開發板介紹

Pieceduino 開發板是台灣自造者達人在Indiegogo集資網站上集資的一件台灣新創的產品,其集資網址:

https://www.indiegogo.com/projects/pieceduino-easy-small-module-arduino-compatible#/,有興趣的讀者可以光臨該網址,雖然該產品沒有達到集資目標,但是這些自造者達仍承諾將這樣好的產品生產上市(如下圖所示),我們可以看到該產品的網址是:

http://www.pieceduino.com/,本文使用這個產品想法非常簡單,第一是該產品是台灣製造,第二是產品體積非常小,第三是產品本身完全相容於 Arduino 開發板系列,該產品是採用 ATmega32u4 微處理機,完全相容於 Leonardo 開發板,第四是使用 ESP8266 WiFi Module,所以 WIFI 功能可以說是價廉物美。

圖 1 Pieceduino 開發板

資料來源:Pieceduino

官網:http://www.pieceduino.com/%E7%A1%AC%E9%AB%94/

如下圖所示,我們可以看到 Pieceduino 開發板所提供的接腳圖,本文是使用 Pieceduino 開發板,連接 WS2812B RGB Led 模組,如下表所示,我們將 VCC、GND 接到開發板的電源端,而將 WS2812B RGB Led 模組控制腳位接到 Pieceduino 開發板數位腳位八(Digital Pin 8)， 就可以完成電路組立。

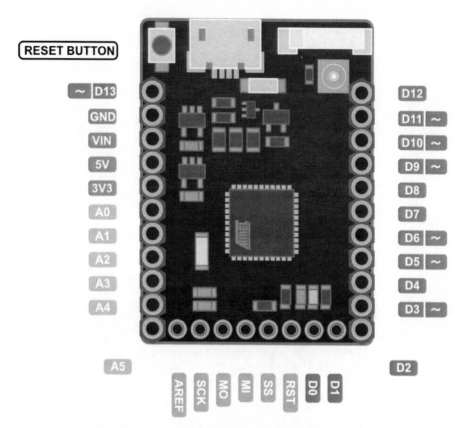

圖 2　Pieceduino 開發板接腳圖

我們可以看到 Pieceduino 開發板技術規格如下：

Pieceduino 開發板　本身規格如下

- 21 Total GPIO Pins

- 12 Digital Pins (out of total)

- 9 Analog Pins (out of total)

- 6 PWM Channels (out of total)

- Onboard 5V Regulator

- Onboard 3.3V Regulator

- Serial Communication:

- UART, SPI, I2C

- 40 mA DC Current per I/O Pin

Pieceduino 開發板其使用之微處理器，其規格如下：

- ATmega32u4 with modified Leonardo bootloader

- 16 MHz Clock Speed

- 32 KB Flash Memory

- 4KB used by bootloader

- 2.5 KB SRAM

- 1 KB EPROM

- Built-in HID support

- Simple Keyboard and Mouse emulation

Pieceduino 開發板還搭載無線 Wifi 模組，其規格如下：

- ESP8266 WiFi Module

- 距離

- 板載天線 － 20 公尺

- 外接天線 － 100 公尺

使用者可以到官網：http://www.pieceduino.com/，查看各種技術，對於技術文件部分，可以參考官網 API DOC：

http://www.pieceduino.com/api-%E6%96%87%E4%BB%B6/，對於無線 Wifi 模組的韓式庫，可以到官網：https://github.com/PieceDuino/PieceDuino_WiFi_With_ESP8266，去下載與安裝(曹永忠, 2017)，如與購買 Pieceduino 開發板的讀者，可以到官網：http://www.pieceduino.com/store/，或到 ICSHOPPING 官網：

https://www.icshop.com.tw/product_info.php/products_id/21904，可以馬上購買到這個強大無比的 Pieceduino 開發板。

2

CHAPTER

控制 LED 燈泡

　　本章主要是教導讀者可以如何使用發光二極體來發光，進而使用全彩的發光二極體來產生各類的顏色，由維基百科[1]中得知：發光二極體（英語：Light-emitting diode，縮寫：LED）是一種能發光的半導體電子元件，透過三價與五價元素所組成的複合光源。此種電子元件早在 1962 年出現，早期只能夠發出低光度的紅光，被惠普買下專利後當作指示燈利用。及後發展出其他單色光的版本，時至今日，能夠發出的光已經遍及可見光、紅外線及紫外線，光度亦提高到相當高的程度。用途由初時的指示燈及顯示板等；隨著白光發光二極體的出現，近年逐漸發展至被普遍用作照明用途(維基百科, 2016)。

　　發光二極體只能夠往一個方向導通（通電），叫作順向偏壓，當電流流過時，電子與電洞在其內重合而發出單色光，這叫電致發光效應，而光線的波長、顏色跟其所採用的半導體物料種類與故意摻入的元素雜質有關。具有效率高、壽命長、不易破損、反應速度快、可靠性高等傳統光源不及的優點。白光 LED 的發光效率近年有所進步；每千流明(Lumen)成本，也因為大量的資金投入使價格下降，但成本仍遠高於其他的傳統照明。雖然如此，近年仍然越來越多被用在照明用途上(維基百科, 2016)。

　　讀者可以在市面上，非常容易取得發光二極體，價格、顏色應有盡有，可於一般電子材料行、電器行或網際網路上的網路商城、雅虎拍賣(https://tw.bid.yahoo.com/)、露天拍賣(http://www.ruten.com.tw/)、PChome 線上購物(http://shopping.pchome.com.tw/)、PCHOME 商店街(http://www.pcstore.com.tw/)...等等，購買到發光二極體。

---

[1] 維基百科由非營利組織維基媒體基金會運作，維基媒體基金會是在美國佛羅里達州登記的501(c)(3)免稅、非營利、慈善機構(https://zh.wikipedia.org/)

發光二極體

如下圖所示，我們可以購買您喜歡的發光二極體，來當作第一次的實驗。

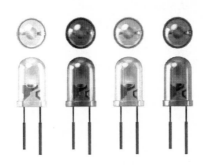

圖 3 發光二極體

如下圖所示，我們可以在維基百科中，找到發光二極體的組成元件圖(維基百科, 2016)。

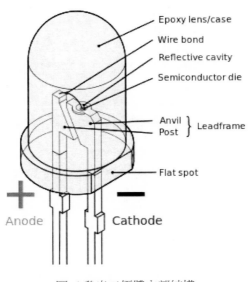

圖 4 發光二極體內部結構

資料來源:Wiki

控制發光二極體發光

　　如下圖所示，這個實驗我們需要用到的實驗硬體有下圖.(a)的 Pieceduino 開發板、下圖.(b).Micro USB 下載線、下圖.(c)發光二極體、下圖.(d) 220 歐姆電阻、

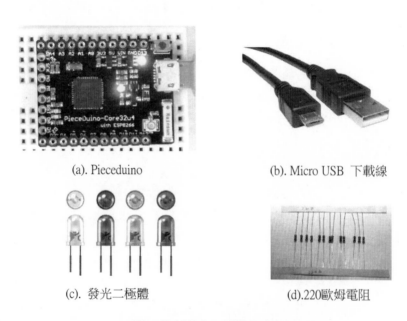

(a). Pieceduino　　　　　　　　　　(b). Micro USB 下載線

(c). 發光二極體　　　　　　　　　　(d).220歐姆電阻

圖 5 控制發光二極體發光所需材料表

　　讀者可以參考下圖所示之控制發光二極體發光連接電路圖，進行電路組立。

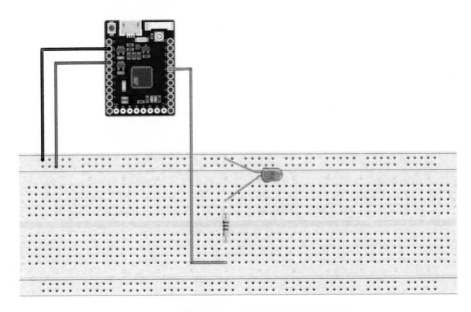

圖 6 控制發光二極體發光連接電路圖

讀者也可以參考下表之控制發光二極體發光接腳表，進行電路組立。

表 1 控制發光二極體發光接腳表

接腳	接腳說明	開發板接腳
1	麵包板 Vcc(紅線)	接電源正極(5V)
2	麵包板 GND(藍線)	接電源負極
3	220 歐姆電阻 A 端	開發板 digitalPin 8(D8)
4	220 歐姆電阻 B 端	Led 燈泡(正極端)
5	Led 燈泡(正極端)	220 歐姆電阻 B 端
6	Led 燈泡(負極端)	麵包板 GND(藍線)

我們遵照前幾章所述，將 Pieceduino 開發板的驅動程式安裝好之後，我們打開

Arduino 開發板的開發工具：Sketch IDE 整合開發軟體(軟體下載請到：
https://www.arduino.cc/en/Main/Software)，攥寫一段程式，如下表所示之控制發光二
極體測試程式，控制發光二極體明滅測試(曹永忠, 吳佳駿, 許智誠, & 蔡英德,
2016a, 2016b, 2016c, 2016d, 2017a, 2017b, 2017c, 2017d, 2017e; 曹永忠, 許智誠, & 蔡
英德, 2015c, 2015f, 2016c, 2016d, 2017a, 2017b; 曹永忠, 郭晉魁, 吳佳駿, 許智誠, &
蔡英德, 2017)。

表 2 控制發光二極體測試程式

控制發光二極體測試程式(Nano_Led_Light)
| ```
#define Blink_Led_Pin 8

// the setup function runs once when you press reset or power the board
void setup() {
  // initialize digital pin Blink_Led_Pin as an output.
  pinMode(Blink_Led_Pin, OUTPUT);        //定義 Blink_Led_Pin 為輸出腳位
}


// the loop function runs over and over again forever
void loop() {
  digitalWrite(Blink_Led_Pin, HIGH);     // 將腳位 Blink_Led_Pin 設定為高電位
turn the LED on (HIGH is the voltage level)
  delay(1000);                   //休息 1 秒  wait for a second
  digitalWrite(Blink_Led_Pin, LOW);      // 將腳位 Blink_Led_Pin 設定為低電位
turn the LED off by making the voltage LOW
  delay(1000);                   // 休息 1 秒  wait for a second
}
``` |

程式下載網址：https://github.com/brucetsao/eHUE_Bulb_Pieceduino

如下圖所示，我們可以看到控制發光二極體測試程式結果畫面。
```

圖 7 控制發光二極體測試程式結果畫面

章節小結

本章主要介紹之 Pieceduino 開發板使用與連接發光二極體，透過本章節的解說，相信讀者會對連接、使用發光二極體，並控制明滅，有更深入的了解與體認。

3

CHAPTER

控制雙色 LED 燈泡

上章介紹控制發光二極體明滅，相信讀者應該可以駕輕就熟，本章介紹雙色發光二極體，雙色發光二極體用於許多產品開發者於產品狀態指示使用(曹永忠, 吳佳駿, et al., 2016a, 2016b, 2016c, 2016d, 2017a, 2017b, 2017c; 曹永忠, 許智誠, et al., 2015c, 2015f, 2016c, 2016d; 曹永忠, 郭晉魁, et al., 2017)。

讀者可以在市面上，非常容易取得雙色發光二極體，價格、顏色應有盡有，可於一般電子材料行、電器行或網際網路上的網路商城、雅虎拍賣(https://tw.bid.yahoo.com/)、露天拍賣(http://www.ruten.com.tw/)、PChome 線上購物(http://shopping.pchome.com.tw/)、PCHOME 商店街(http://www.pcstore.com.tw/)...等等，購買到雙色發光二極體。

雙色發光二極體

如下圖所示，我們可以購買您喜歡的雙色發光二極體，來當作本次實驗。

圖 8 雙色發光二極體

如上圖所示，接腳跟一般發光二極體的組成元件圖(維基百科, 2016)類似，只是在製作上把兩個發光二極體做在一起，把共地或共陽的腳位整合成一隻腳位。

控制雙色發光二極體發光

如下圖所示，這個實驗我們需要用到的實驗硬體有下圖.(a)的 Pieceduino 開發板、下圖.(b) Micro USB 下載線、下圖.(c)雙色發光二極體、下圖.(d) 220 歐姆電阻

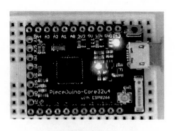

(a). Pieceduino

(b). Micro USB 下載線

(c). 雙色發光二極體

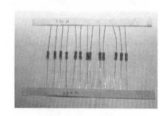

(d).220歐姆電阻

圖 9 控制雙色發光二極體需材料表

讀者可以參考下圖所示之控制雙色發光二極體連接電路圖，進行電路組立。

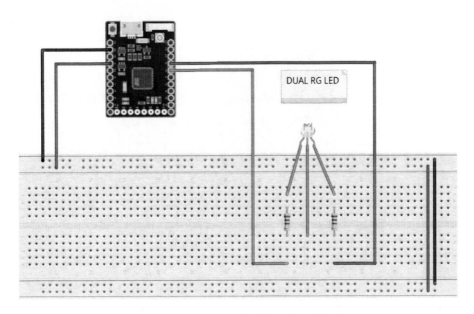

圖 10 控制雙色發光二極體發光連接電路圖

讀者也可以參考下表之控制雙色發光二極體接腳表，進行電路組立。

表 3 控制雙色發光二極體接腳表

接腳	接腳說明	開發板接腳
1	麵包板 Vcc(紅線)	接電源正極(5V)
2	麵包板 GND(藍線)	接電源負極
3	220 歐姆電阻 A 端(1 號)	開發板 digitalPin 8(D8)
3A	220 歐姆電阻 A 端(2 號)	開發板 digitalPin 9(D9)
4	220 歐姆電阻 B 端(1/2 號)	Led 燈泡(正極端)
5	Led 燈泡(G 端:綠色)	220 歐姆電阻 B 端(1 號)
5	Led 燈泡(R 端:紅色)	220 歐姆電阻 B 端(2 號)
6	Led 燈泡(負極端)	麵包板 GND(藍線)

接腳	接腳說明	開發板接腳
	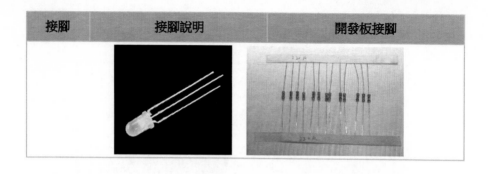	

我們遵照前幾章所述，將 Pieceduino 開發板的驅動程式安裝好之後，我們打開 Arduino 開發板的開發工具：Sketch IDE 整合開發軟體(軟體下載請到：https://www.arduino.cc/en/Main/Software)，攥寫一段程式，如下表所示之控制雙色發光二極體測試程式，控制雙色發光二極體明滅測試。(曹永忠, 吳佳駿, et al., 2016a, 2016b, 2016c, 2016d, 2017a, 2017b, 2017c, 2017d, 2017e; 曹永忠, 許智誠, et al., 2015c, 2015f, 2016c, 2016d, 2017a, 2017b; 曹永忠, 郭晉魁, et al., 2017)

表 4 控制雙色發光二極體測試程式

控制雙色發光二極體測試程式(Nano_DuelLED_LIGHT)

```
#define Led_Green_Pin 8
#define Led_Red_Pin 9
// the setup function runs once when you press reset or power the board
void setup() {
  // initialize digital pin Blink_Led_Pin as an output.
  pinMode(Led_Red_Pin, OUTPUT);        //定義 Led_Red_Pin 為輸出腳位
  pinMode(Led_Green_Pin, OUTPUT);      //定義 Led_Green_Pin 為輸出腳位
  digitalWrite(Led_Red_Pin,LOW) ;
  digitalWrite(Led_Green_Pin,LOW) ;
}

// the loop function runs over and over again forever
void loop() {
  digitalWrite(Led_Green_Pin, HIGH);
  delay(1000);                    //休息 1 秒  wait for a second
  digitalWrite(Led_Green_Pin, LOW);
  delay(1000);                    // 休息 1 秒  wait for a second
```

```
digitalWrite(Led_Red_Pin, HIGH);
delay(1000);                    //休息 1 秒  wait for a second
digitalWrite(Led_Red_Pin, LOW);
delay(1000);                    // 休息 1 秒  wait for a second
digitalWrite(Led_Green_Pin, HIGH);
digitalWrite(Led_Red_Pin, HIGH);
delay(1000);                    //休息 1 秒  wait for a second
digitalWrite(Led_Green_Pin, LOW);
digitalWrite(Led_Red_Pin, LOW);
delay(1000);                    // 休息 1 秒  wait for a second
}
```

程式下載網址：https://github.com/brucetsao/eHUE_Bulb_Pieceduino

如下圖所示，我們可以看到控制雙色發光二極體測試程式結果畫面。

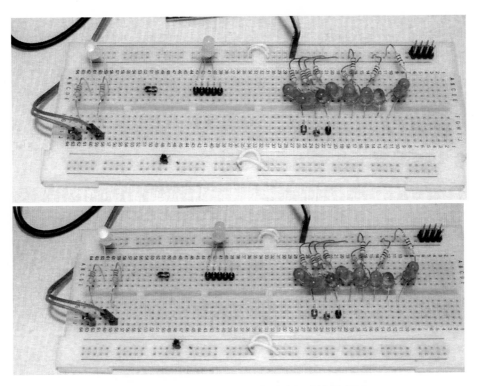

圖 11 控制雙色發光二極體測試程式結果畫面

章節小結

　　本章主要介紹之 Pieceduino 開發板使用與連接雙色發光二極體，透過本章節的解說，相信讀者會對連接、使用雙色發光二極體，並控制不同顏色明滅，有更深入的了解與體認。

CHAPTER

控制全彩 LED 燈泡

上章介紹控制雙色發光二極體明滅(曹永忠, 吳佳駿, et al., 2016a, 2016b, 2016c, 2016d, 2017a, 2017b, 2017c; 曹永忠, 許智誠, et al., 2015c, 2015f, 2016c, 2016d; 曹永忠, 郭晉魁, et al., 2017)，相信讀者應該可以駕輕就熟，本章介紹全彩發光二極體，在許多彩色字幕機中(曹永忠, 吳佳駿, et al., 2016a, 2016b, 2016c, 2016d, 2017a, 2017b, 2017c; 曹永忠, 許智誠, & 蔡英德, 2014a, 2014b, 2014c, 2014d, 2014e; 曹永忠, 許智誠, et al., 2016c, 2016d; 曹永忠, 郭晉魁, et al., 2017; 曹永忠, 许智诚, & 蔡英德, 2014)，全彩發光二極體獨佔鰲頭，更有許多應用。

讀者可以在市面上，非常容易取得全彩發光二極體，價格、種類應有盡有，可於一般電子材料行、電器行或網際網路上的網路商城、雅虎拍賣(https://tw.bid.yahoo.com/)、露天拍賣(http://www.ruten.com.tw/)、PChome 線上購物(http://shopping.pchome.com.tw/)、PCHOME 商店街(http://www.pcstore.com.tw/)...等等，購買到全彩發光二極體。

全彩二極體

如下圖所示，我們可以購買您喜歡的全彩發光二極體，來當作這次的實驗。

圖 12 全彩發光二極體

如下圖所示，一般全彩發光二極體有兩種，一種是共陽極，另一種是共陰極(一般俗稱共地)，只要將下圖(+)接在+5V 或下圖(-)接在 GND，用其他 R、G、B 三隻腳位分別控制紅色、綠色、藍色三種顏色的明滅，就可以產生彩色的顏色效果。

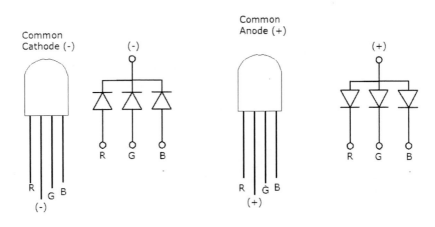

圖 13 全彩發光二極體腳位

控制全彩發光二極體發光

如下圖所示，這個實驗我們需要用到的實驗硬體有下圖.(a)的 Pieceduino 開發板、下圖.(b) Micro USB 下載線、下圖.(c) 全彩發光二極體、下圖.(d) 220 歐姆電阻：

(a). Pieceduino   (b). Micro USB 下載線

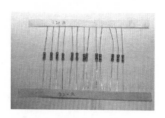

(c). 全彩發光二極體   (d).220歐姆電阻

圖 14 控制全彩發光二極體所需材料表

讀者可以參考下圖所示之控制全彩發光二極體連接電路圖，進行電路組立。

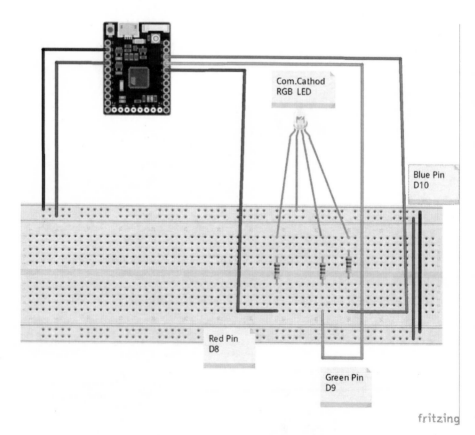

圖 15 控制全彩發光二極體連接電路圖

讀者也可以參考下表之控制全彩發光二極體接腳表，進行電路組立。

表 5 控制全彩發光二極體接腳表

接腳	接腳說明	開發板接腳
1	麵包板 Vcc(紅線)	接電源正極(5V)
2	麵包板 GND(藍線)	接電源負極
3	220 歐姆電阻 A 端(1 號)	開發板 digitalPin 8(D80)
3A	220 歐姆電阻 A 端(2 號)	開發板 digitalPin 9(D9)
3B	220 歐姆電阻 A 端(3 號)	開發板 digitalPin 10(D10)
4	220 歐姆電阻 B 端(1/2/3 號)	Led 燈泡(正極端)
5	Led 燈泡(R 端:紅色)	220 歐姆電阻 B 端(1 號)
5	Led 燈泡 G 端:綠色)	220 歐姆電阻 B 端(2 號)
5	Led 燈泡(B 端:藍色)	220 歐姆電阻 B 端(3 號)
6	Led 燈泡(負極端)	麵包板 GND(藍線)

我們遵照前幾章所述，將 Pieceduino 開發板的驅動程式安裝好之後，我們打開 Arduino 開發板的開發工具：Sketch IDE 整合開發軟體(軟體下載請到：https://www.arduino.cc/en/Main/Software)，攢寫一段程式，如下表所示之控制全彩發光二極體測試程式，控制全彩發光二極體紅色、綠色、藍色明滅測試。

表 6 控制全彩發光二極體測試程式

控制全彩發光二極體測試程式(Nano_rgbLed_Light)

```
#define Led_Red_Pin 8
#define Led_Green_Pin 9
#define Led_Blue_Pin 10
// the setup function runs once when you press reset or power the board
void setup() {
    // initialize digital pin Blink_Led_Pin as an output.
    pinMode(Led_Red_Pin, OUTPUT);        //定義 Led_Red_Pin 為輸出腳位
    pinMode(Led_Green_Pin, OUTPUT);       //定義 Led_Green_Pin 為輸出腳位
    pinMode(Led_Blue_Pin, OUTPUT);        //定義 Led_Green_Pin 為輸出腳位
    digitalWrite(Led_Red_Pin,LOW) ;
    digitalWrite(Led_Green_Pin,LOW) ;
    digitalWrite(Led_Blue_Pin,LOW) ;
}


// the loop function runs over and over again forever
void loop() {
    digitalWrite(Led_Red_Pin, HIGH);
    delay(1000);                  //休息 1 秒  wait for a second
    digitalWrite(Led_Red_Pin, LOW);
    delay(1000);                  // 休息 1 秒  wait for a second
    digitalWrite(Led_Green_Pin, HIGH);
    delay(1000);                  //休息 1 秒  wait for a second
    digitalWrite(Led_Green_Pin, LOW);
    delay(1000);                  // 休息 1 秒  wait for a second
    digitalWrite(Led_Blue_Pin, HIGH);
    delay(1000);                  //休息 1 秒  wait for a second
    digitalWrite(Led_Blue_Pin, LOW);
    delay(1000);                  // 休息 1 秒  wait for a second
    digitalWrite(Led_Red_Pin, HIGH);
    digitalWrite(Led_Green_Pin, HIGH);
    digitalWrite(Led_Blue_Pin, LOW);
    delay(1000);                  //休息 1 秒  wait for a second
    digitalWrite(Led_Red_Pin, HIGH);
    digitalWrite(Led_Green_Pin, LOW);
    digitalWrite(Led_Blue_Pin, HIGH);
    delay(1000);                  //休息 1 秒  wait for a second
    digitalWrite(Led_Red_Pin, LOW);
```

```
    digitalWrite(Led_Green_Pin, HIGH);
    digitalWrite(Led_Blue_Pin,HIGH );
    delay(1000);                    //休息 1 秒  wait for a second

// all color turn off
    digitalWrite(Led_Red_Pin, LOW);
    digitalWrite(Led_Green_Pin, LOW);
    digitalWrite(Led_Blue_Pin, LOW);
    delay(1000);                    //休息 1 秒  wait for a second

}
```

程式下載網址：https://github.com/brucetsao/eHUE_Bulb_Pieceduino

讀者也可以在作者 YouTube 頻道(https://www.youtube.com/user/UltimaBruce)中，

在網址 https://www.youtube.com/watch?v=4H5nZ75OhC4&feature=youtu.be ，看到

本次實驗-控制全彩發光二極體測試程式結果畫面。

如下圖所示，我們可以看到控制全彩發光二極體測試程式結果畫面。

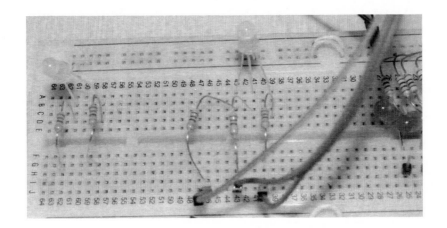

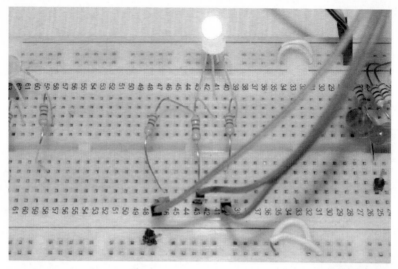

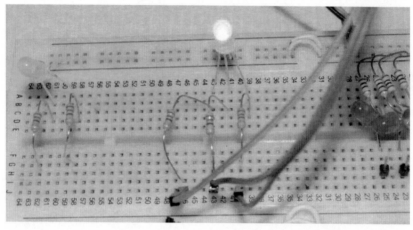

圖 16 控制控制全彩發光二極體測試程式結果畫面

章節小結

本章主要介紹之 Pieceduino 開發板使用與連接全彩發光二極體,透過本章節的解說,相信讀者會對連接、使用全彩發光二極體,並控制不同顏色明滅,有更深入的了解與體認。

5

CHAPTER

全彩 LED 燈泡混色原理

上章介紹控制全彩發光二極體，使用數位輸出方式來控制全彩發光二極體，可以說是兩階段輸出，要就全亮，要就全滅，其實一般說來，發光二極體可以控制其亮度，透過亮度控制，可以達到該顏色深淺，透過 RGB(紅色、綠色、藍色)的各種顏色色階的混色原理，可以造出許多顏色，透過人類眼睛視覺，可以感覺各種顏色產生。

讀者可以在市面上，非常容易取得全彩發光二極體，價格、顏色應有盡有，可於一般電子材料行、電器行或網際網路上的網路商城、雅虎拍賣 (https://tw.bid.yahoo.com/)、露天拍賣(http://www.ruten.com.tw/)、PChome 線上購物 (http://shopping.pchome.com.tw/)、PCHOME 商店街(http://www.pcstore.com.tw/)...等等，購買到全彩發光二極體。

本章節要介紹讀者，透過 Arduino IDE 的序列埠監控視窗(曹永忠, 吳佳駿, et al., 2016a, 2016b, 2016c, 2016d, 2017a, 2017b, 2017c; 曹永忠, 許智誠, & 蔡英德, 2015a, 2015b; 曹永忠, 許智誠, et al., 2015c; 曹永忠, 許智誠, & 蔡英德, 2015d, 2015e; 曹永忠, 許智誠, et al., 2015f; 曹永忠, 許智誠, & 蔡英德, 2015g, 2015h; 曹永忠, 許智誠, et al., 2016c, 2016d; 曹永忠, 郭晉魁, et al., 2017)，透過序列埠輸入，將 RGB(紅色、綠色、藍色)三個顏色的代碼輸入，透過解碼來還原 RGB(紅色、綠色、藍色)三個顏色值，進而填入全彩發光二極體的發光顏色電壓，來控制顏色。

全彩二極體

如下圖所示，我們可以購買您喜歡的全彩發光二極體，來當作這次的實驗。

圖 17 全彩發光二極體

　　如下圖所示，一般全彩發光二極體有兩種，一種是共陽極，另一種是共陰極(一般俗稱共地)，只要將下圖(+)接在+5V 或下圖(-)接在 GND，用其他 R、G、B 三隻腳位分別控制紅色、綠色、藍色三種顏色的明滅，就可以產生彩色的顏色效果。

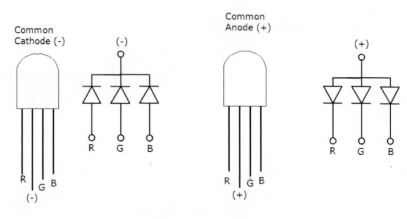

圖 18 全彩發光二極體腳位

混色控制全彩發光二極體發光

　　如下圖所示，這個實驗我們需要用到的實驗硬體有下圖.(a)的 Pieceduino 開發

板、下圖.(b) Micro USB 下載線、下圖.(c) 全彩發光二極體、下圖.(d) 220 歐姆電

阻：

(a). Pieceduino

(b). Micro USB 下載線

(c). 全彩發光二極體

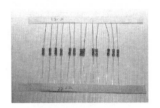

(d).220歐姆電阻

圖 19 控制全彩發光二極體所需材料表

讀者可以參考下圖所示之控制全彩發光二極體連接電路圖，進行電路組立。

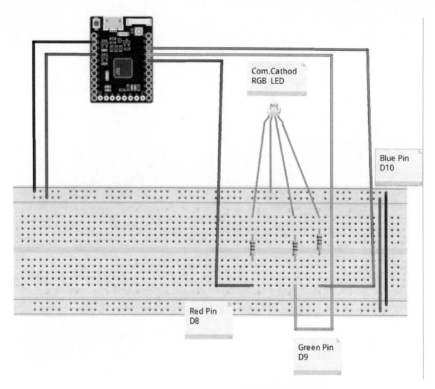

圖 20 控制全彩發光二極體連接電路圖

讀者也可以參考下表之控制全彩發光二極體接腳表，進行電路組立。

表 7 控制全彩發光二極體接腳表

接腳	接腳說明	開發板接腳
1	麵包板 Vcc(紅線)	接電源正極(5V)
2	麵包板 GND(藍線)	接電源負極
3	220 歐姆電阻 A 端(1 號)	開發板 digitalPin 8(D8)
3A	220 歐姆電阻 A 端(2 號)	開發板 digitalPin 9(D9)
3B	220 歐姆電阻 A 端(3 號)	開發板 digitalPin 10(D10)
4	220 歐姆電阻 B 端(1/2/3 號)	Led 燈泡(正極端)
5	Led 燈泡(R 端:紅色)	220 歐姆電阻 B 端(1 號)

接腳	接腳說明	開發板接腳
5	Led 燈泡 G 端:綠色)	220 歐姆電阻 B 端(2 號)
5	Led 燈泡(B 端:藍色)	220 歐姆電阻 B 端(3 號)
6	Led 燈泡(負極端)	麵包板 GND(藍線)

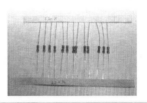

我們遵照前幾章所述，將 Pieceduino 開發板的驅動程式安裝好之後，我們打開 Arduino 開發板的開發工具：Sketch IDE 整合開發軟體(軟體下載請到：https://www.arduino.cc/en/Main/Software)，攥寫一段程式，如下表所示之控制全彩發光二極體測試程式，控制全彩發光二極體紅色、綠色、藍色明滅測試。(曹永忠, 吳佳駿, et al., 2016a, 2016b, 2016c, 2016d, 2017a, 2017b, 2017c; 曹永忠, 許智誠, et al., 2015c, 2015f, 2016c, 2016d; 曹永忠, 郭晉魁, et al., 2017)

表 8 混色控制全彩發光二極體測試程式

```
混色控制全彩發光二極體測試程式(WSControlRGBLedLight)
#include <String.h>
#define Led_Red_Pin 8    //Red Light of RGB Led
#define Led_Green_Pin 9     //Green Light of RGB Led
#define Led_Blue_Pin 10    //Blue Light of RGB Led
byte RedValue = 0, GreenValue = 0, BlueValue = 0;
String ReadStr = "        " ;
void setup() {
  // put your setup code here, to run once:
  pinMode(Led_Red_Pin, OUTPUT) ;
  pinMode(Led_Green_Pin, OUTPUT) ;
  pinMode(Led_Blue_Pin, OUTPUT) ;
  analogWrite(Led_Red_Pin,0) ;
  analogWrite(Led_Green_Pin,0) ;
  analogWrite(Led_Blue_Pin,0) ;
```

```
    Serial.begin(9600) ;
    Serial.println("Program Start Here") ;
}


void loop() {
    // put your main code here, to run repeatedly:
    if (Serial.available() >0)
    {
        ReadStr = Serial.readStringUntil(0x23) ;
        //   Serial.read() ;
          Serial.print("ReadString is :(") ;
          Serial.print(ReadStr) ;
          Serial.print(")\n") ;
           if (DecodeString(ReadStr,&RedValue,&GreenValue,&BlueValue) )
              {
                 Serial.println("Change RGB Led Color") ;
                 analogWrite(Led_Red_Pin , RedValue)   ;
                 analogWrite(Led_Green_Pin , GreenValue)   ;
                 analogWrite(Led_Blue_Pin , BlueValue)   ;
              }
    }



}

boolean DecodeString(String INPStr, byte *r, byte *g , byte *b)
{
                        Serial.print("check sgtring:(") ;
                        Serial.print(INPStr) ;
                                Serial.print(")\n") ;

        int i = 0 ;
        int strsize = INPStr.length();
        for(i = 0 ; i <strsize ;i++)
              {
                        Serial.print(i) ;
                        Serial.print(":(") ;
                                Serial.print(INPStr.substring(i,i+1)) ;
```

```
                    Serial.print(")\n") ;

            if (INPStr.substring(i,i+1) == "@")
                {
                Serial.print("find @ at :(") ;
                Serial.print(i) ;
                        Serial.print("/") ;
                            Serial.print(strsize-i-1) ;
                        Serial.print("/") ;
                            Seri-al.print(INPStr.substring(i+1,strsize)) ;
                Serial.print(")\n") ;
                    *r = byte(INPStr.substring(i+1,i+1+3).toInt()) ;
                    *g = byte(INPStr.substring(i+1+3,i+1+3+3).toInt() ) ;
                    *b = byte(INPStr.substring(i+1+3+3,i+1+3+3+3).toInt() ) ;
                    Serial.print("convert into :(") ;
                    Serial.print(*r) ;
                        Serial.print("/") ;
                    Serial.print(*g) ;
                        Serial.print("/") ;
                    Serial.print(*b) ;
                        Serial.print(")\n") ;

                        return true ;
                    }
                }
        return false ;

}
```

程式下載網址：https://github.com/brucetsao/eHUE_Bulb_Pieceduino

如下圖所示，我們可以看到混色控制全彩發光二極體測試程式結果畫面。

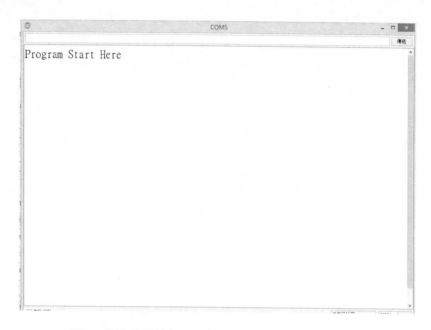

圖 21 混色控制控制全彩發光二極體測試程式開始畫面

由於透過序列埠輸入，將 RGB(紅色、綠色、藍色)三個顏色的代碼輸入，透過解碼來還原 RGB(紅色、綠色、藍色)三個顏色值，進而填入全彩發光二極體的發光顏色電壓，來控制顏色。

所以我們使用了『@』這個指令，來當作所有的資料開頭，接下來就是第一個紅色燈光的值，其紅色燈光的值使用『000』---『255』來當作紅色顏色的顏色值，『000』代表紅色燈光全滅，『255』代表紅色燈光全亮，中間的值則為線性明暗之間為主。

接下來就是第二個綠色燈光的值，其綠色燈光的值使用『000』~『255』來當作綠色顏色的顏色值，『000』代表綠色燈光全滅，『255』代表綠色燈光全亮，中間的值則為線性明暗之間為主。

最後一個藍色燈光的值，其藍色燈光的值使用『000』~『255』來當作藍色顏色的顏色值，『000』代表藍色燈光全滅，『255』代表藍色燈光全亮，中間的值則為線性明暗之間為主。

在所有顏色資料傳送完畢之後，所以我們使用了『#』這個指令，來當作所有的資料的結束，如下圖所示，我們輸入

@255000000#

如下圖所示，程式就會進行解譯為：R=255，G=000，B=000：

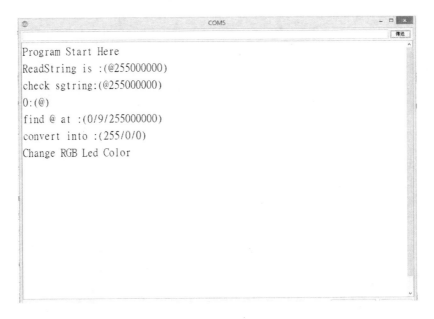

圖 22 @255000000#結果畫面

如下圖所示，我們可以看到混色控制全彩發光二極體測試程式結果畫面。

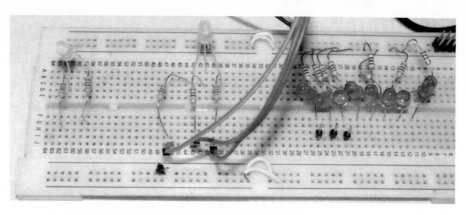

圖 23 @255000000#燈泡顯示

第二次測試

如下圖所示，我們輸入

@000255000#

如下圖所示，程式就會進行解譯為：R=000，G=255，B=000：

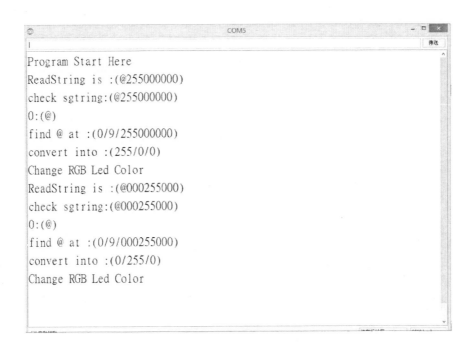

圖 24 @000255000#結果畫面

如下圖所示，我們可以看到混色控制全彩發光二極體測試程式結果畫面。

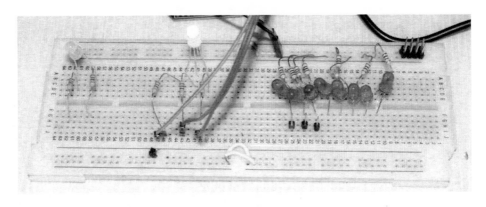

圖 25 @000255000#燈泡顯示

第三次測試

如下圖所示，我們輸入

@000000255#

如下圖所示，程式就會進行解譯為：R=000，G=000，B=255：

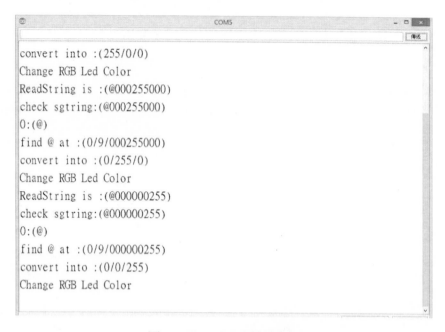

圖 26 @000000255#結果畫面

如下圖所示，我們可以看到混色控制全彩發光二極體測試程式結果畫面。

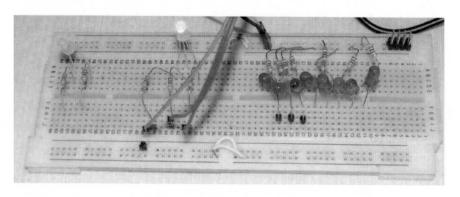

圖 27 @000000255#燈泡顯示

第四次測試(錯誤值)

如下圖所示，我們輸入

128128000#

如下圖所示，我們希望程式就會進行解譯為：R=128，G=128，B=000：

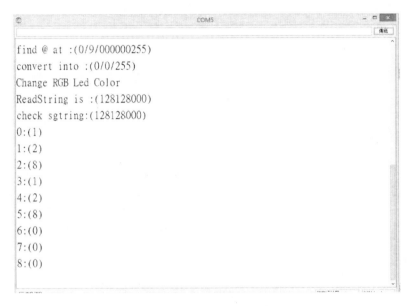

圖 28 128128000#結果畫面

但是在上圖所示，我們可以看到缺乏使用了『@』這個指令來當作所有的資料開頭值，所以無法判別那個值，而無法解譯成功，該 DecodeString(String INPStr, byte *r, byte *g , byte *b)傳回 FALSE，而不進行改變顏色。

第五次測試

如下圖所示，我們輸入

@128128000#

如下圖所示，程式就會進行解譯為：R=128，G=128，B=000：

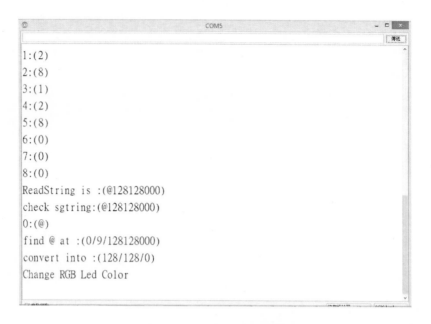

圖 29 @128128000#結果畫面

如下圖所示，我們可以看到混色控制全彩發光二極體測試程式結果畫面。

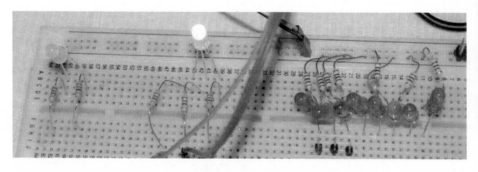

圖 30 @128128000#燈泡顯示

第六次測試

如下圖所示，我們輸入

@128000128#

如下圖所示，程式就會進行解譯為：R=128，G=000，B=128：

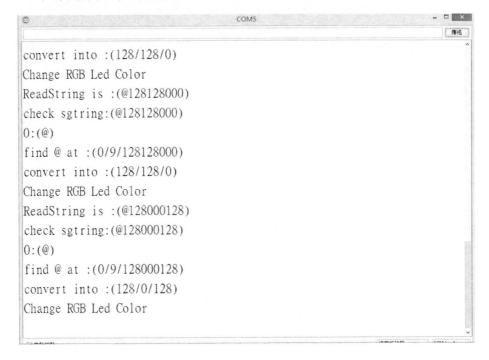

圖 31 @128000128#結果畫面

如下圖所示，我們可以看到混色控制全彩發光二極體測試程式結果畫面。

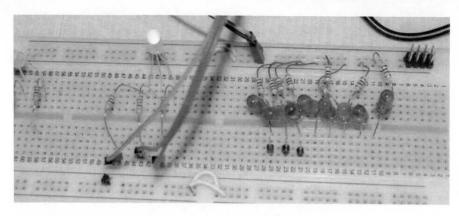

圖 32 @128000128#燈泡顯示

第七次測試

如下圖所示，我們輸入

@000255255#

如下圖所示，程式就會進行解譯為：R=000，G=255，B=255：

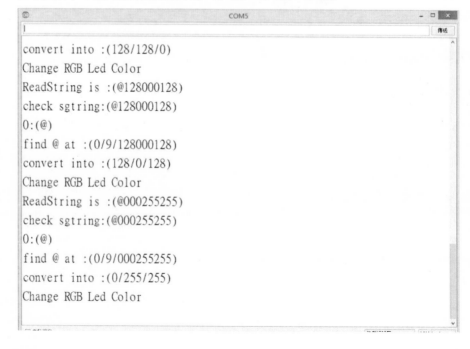

圖 33 @000255255#結果畫面

如下圖所示，我們可以看到混色控制全彩發光二極體測試程式結果畫面。

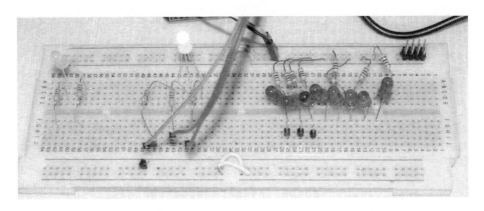

圖 34 @000255255#燈泡顯示

章節小結

　　本章主要介紹之 Pieceduino 開發板使用與連接全彩發光二極體，透過外部輸入 RGB 三原色代碼，來控制 RGB 三原色混色，產生想要的顏色，透過本章節的解說，相信讀者會對連接、使用全彩發光二極體，並透過外部輸入 RGB 三原色代碼，來控制 RGB 三原色混色，產生想要的顏色，有更深入的了解與體認。

CHAPTER

控制 WS2812 燈泡模組

WS2812B 全彩燈泡模組是一個整合控制電路與發光電路于一體的智慧控制 LED 光源。其外型與一個 5050LED 燈泡相同，每一個元件即為一個圖像點，部包含了智慧型介面資料鎖存信號整形放大驅動電路，還包含有高精度的內部振盪器和高達 12V 高壓可程式設計定電流控制部分，有效保證了圖像點光的顏色高度一致。

資料協定採用單線串列的通訊方式，圖像點在通電重置以後，DIN 端接受從微處理機傳輸過來的資料，首先送過來的 24bit 資料被第一個圖像點提取後，送到圖像點內部的資料鎖存器，剩餘的資料經過內部整形處理電路整形放大後通過 DO 埠開始轉發輸出給下一個串聯的圖像點，每經過一個圖像點的傳輸，信號減少 24bit 的資料。圖像點採用自動整形轉發技術，使得該圖像點的級聯個數不受信號傳送的限制，僅僅受限信號傳輸速率要求。

其 LED 具有低電壓驅動，環保節能，亮度高，散射角度大，一致性好，超低功率，超長壽命等優點。將控制電路整合於 LED 上面，電路變得更加簡單，體積小，安裝更加簡便。

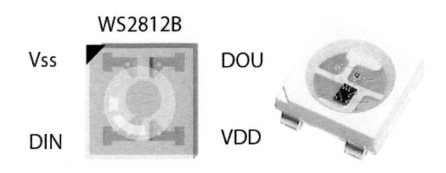

圖 35 WS2812B 全彩燈泡模組

WS2812B 全彩燈泡模組特點

- 智慧型反接保護，電源反接不會損壞 IC。

- IC 控制電路與 LED 點光源共用一個電源。

- 控制電路與 RGB 晶片整合在一個 5050 封裝的元件中，構成一個完整的外控圖像點。

- 內部具有信號整形電路，任何一個圖像點收到信號後經過波形整形再輸出，保證線路波形的變形不會累加。

- 內部具有通電重置和掉電重置電路。

- 每個圖像點的三原色顏色具有 256 階層亮度顯示，可達到 16777216 種顏色的全彩顯示，掃描頻率不低於 400Hz/s。

- 串列介面，能通過一條訊號線完成資料的接收與解碼。

- 任意兩點傳傳輸距離在不超過 5 米時無需增加任何電路。

- 當更新速率 30 幅/秒時，可串聯數不小於 1024 個。

- 資料發送速度可達 800Kbps。

- 光的顏色高度一致，C/P 值高。

主要應用領域

- LED 全彩發光字燈串,LED 全彩模組， LED 全彩軟燈條硬燈條,LED 護欄管

- LED 點光源,LED 圖元屏,LED 異形屏，各種電子產品，電器設備跑馬燈。

串列傳輸

串列埠資料會轉換成連續的資料位元,然後依序由通訊埠送出,接收端收集這些資料後再合成為原來的位元組;串列傳輸大多為非同步,故收發雙方的傳輸速率需協定好,一般為 9600、14400、57600bps(bits per second)等。

串列資料傳輸裡,有單工及雙工之分,單工就是一條線只能有 一種用途,例如輸出線就只能將資料傳出、輸入線就只能將資料傳入。 而雙工就是在同一條線上,可傳入資料,也可傳出資料。WS2812B 全彩燈泡模組 屬於單工的串列傳輸,如下圖所示,由單一方向進入,再由輸入轉至下一顆。

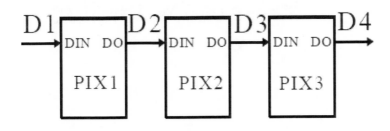

圖 36 串列傳輸_連接方法

WS2812B 全彩燈泡模組

如下圖所示,我們可以購買您喜歡的 WS2812B 全彩燈泡模組,來當作這次的實驗。

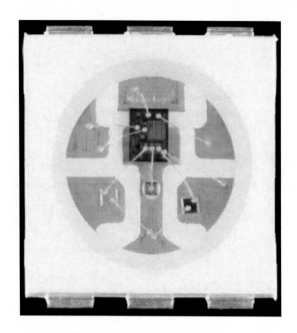

圖 37 WS2812B 全彩燈泡模組

　　如下圖所示，WS2812B 全彩燈泡模組只需要三條線就可以驅動，其中兩條是電源，只要將下圖(5V)接在+5V 與下圖(GND)接在 GND，微處理機只要將控制訊號接在下圖之 Data In(DI)，就可以開始控制了(曹永忠, 2017)。

圖 38 WS2812B 全彩燈泡模組腳位

表 9 WS2812B 全彩燈泡模組腳位表

序號	符號	管腳名	功 能 描 述
1	VDD	電源	供電管腳
2	DOUT	資料輸出	控制資料信號輸出
3	VSS	接地	信號接地和電源接地
4	DIN	資料登錄	控制資料信號輸入

如上圖所示，如果您需要多顆的 WS2812B 全彩燈泡模組共用，您不需要每一顆 WS2812B 全彩燈泡模組都連接到微處理機，只需要四條線就可以驅動，其中兩條是電源，只要將下圖(5V)接在+5V 與下圖(GND)接在 GND，微處理機只要將控制訊號接在下圖之 Data In(DI)，第一顆的之 Data Out(DO)連到第二顆的 WS2812B 全彩燈泡模組的 Data In(DI)，就可以開始使用串列控制了。

如下圖所示，此時每一顆 WS2812B 全彩燈泡的電源，採用並列方式，所有的 5V 腳位接在+5V，GND 腳位接在 GND，所有控制訊號，第一顆 WS2812B 全彩燈的 Data In(DI)接在微處理機的控制訊號腳位，而第一顆的 Data Out(DO)連到第二顆的 WS2812B 全彩燈泡模組的 Data In(DI)，第二顆的 Data Out(DO)連到第三顆的 WS2812B 全彩燈泡模組的 Data In(DI)，以此類推就可以了。

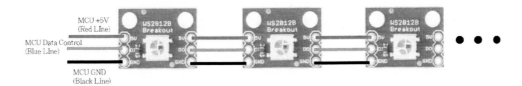

圖 39 WS2812B 全彩燈泡模組串聯示意圖

控制 WS2812B 全彩燈泡模組

如下圖所示，這個實驗我們需要用到的實驗硬體有下圖.(a)的 Pieceduino 開發板、下圖.(b) Micro USB 下載線、下圖.(c) WS2812B 全彩燈泡模組：

(a). Pieceduino

(b). Micro USB 下載線

(c). WS2812B全彩燈泡模組

圖 40 控制 WS2812B 全彩燈泡模組所需材料表

讀者可以參考下圖所示之控制 WS2812B 全彩燈泡模組連接電路圖，進行電路組立。

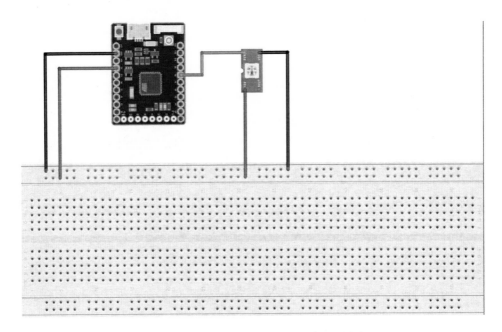

圖 41 控制 WS2812B 全彩燈泡模組連接電路圖

讀者也可以參考下表之 WS2812B 全彩燈泡模組接腳表，進行電路組立。

表 10 控制 WS2812B 全彩燈泡模組接腳表

接腳	接腳說明	開發板接腳
1	麵包板 Vcc(紅線)	接電源正極(5V)
2	麵包板 GND(藍線)	接電源負極
3	Data In(DI)	開發板 digitalPin 8(D8)

我們遵照前幾章所述，將 Pieceduino 開發板的驅動程式安裝好之後，我們打開 Arduino 開發板的開發工具：Sketch IDE 整合開發軟體(軟體下載請到：https://www.arduino.cc/en/Main/Software)，攢寫一段程式，如下表所示之 WS2812B 全彩燈泡模組測試程式，控制 WS2812B 全彩燈泡模組紅色、綠色、藍色明滅測試。(曹永忠, 吳佳駿, et al., 2016a, 2016b, 2016c, 2016d, 2017a, 2017b, 2017c；曹永忠, 許智誠, et al., 2015c, 2015f, 2016c, 2016d；曹永忠, 郭晉魁, et al., 2017)

表 11 WS2812B 全彩燈泡模組測試程式

WS2812B 全彩燈泡模組測試程式(WSRGBLedTest)

```
#include "Pinset.h"
// NeoPixel Ring simple sketch (c) 2013 Shae Erisson
// released under the GPLv3 license to match the rest of the AdaFruit NeoPixel library
#include <Adafruit_NeoPixel.h>

// Which pin on the Arduino is connected to the NeoPixels?


// How many NeoPixels are attached to the Arduino?

#include <String.h>
Adafruit_NeoPixel pixels = Adafruit_NeoPixel(NUMPIXELS, WSPIN, NEO_GRB +
NEO_KHZ800);

byte RedValue = 0, GreenValue = 0, BlueValue = 0;
String ReadStr = "          " ;

void setup() {
   // put your setup code here, to run once:

     randomSeed(millis());
   Serial.begin(9600) ;
   Serial.println("Program Start Here") ;
   pixels.begin(); // This initializes the NeoPixel library.
     ChangeBulbColor(RedValue,GreenValue,BlueValue) ;
}
```

```
int delayval = 500; // delay for half a second

void loop() {
  // put your main code here, to run repeatedly:
      RedValue = (byte)random(0,255) ;
      GreenValue = (byte)random(0,255) ;
      BlueValue = (byte)random(0,255) ;
      ChangeBulbColor(RedValue,GreenValue,BlueValue) ;
    delay(1000) ;
}

void ChangeBulbColor(int r,int g,int b)
{
      // For a set of NeoPixels the first NeoPixel is 0, second is 1, all the way up to the
count of pixels minus one.
    for(int i=0;i<NUMPIXELS;i++)
    {
        // pixels.Color takes RGB values, from 0,0,0 up to 255,255,255
        pixels.setPixelColor(i, pixels.Color(r,g,b)); // Moderately bright green color.
        pixels.show(); // This sends the updated pixel color to the hardware.
        // delay(delayval); // Delay for a period of time (in milliseconds).
    }
}
```

程式下載網址：https://github.com/brucetsao/eHUE_Bulb_Pieceduino

表 12 WS2812B 全彩燈泡模組測試程式(Pinset.h)

WS2812B 全彩燈泡模組測試程式(Pinset.h)	
#define WSPIN	8
#define NUMPIXELS	1

程式下載網址：https://github.com/brucetsao/eHUE_Bulb_Pieceduino

如下圖所示，我們可以看到 WS2812B 全彩燈泡模組測試程式結果畫面。

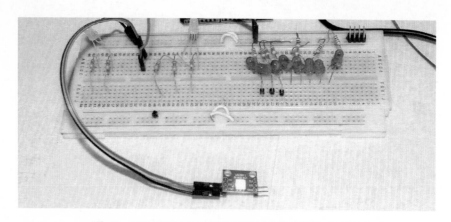

圖 42　WS2812B 全彩燈泡模組測試程式程式結果畫面

章節小結

　　本章主要介紹之 Pieceduino 開發板使用與連接 WS2812B 全彩燈泡模組，使用函式庫方式來控制 WS2812B 全彩燈泡模組三原色混色，產生想要的顏色，透過本章節的解說，相信讀者會對連接、使用 WS2812B 全彩燈泡模組，有更深入的了解與體認。

7

CHAPTER

基礎程式設計

　　本章節主要是教各位讀者使用 MIT 的 AppInventor 2 基本操作與常用的基本模組程式，希望讀者能仔細閱讀，因為在下一章實作時，重覆的部份就不在重覆敘述之。

開發板介紹

　　如下圖所示，我們可以看到 Pieceduino 開發板所提供的接腳圖，本文是使用 Pieceduino 開發板，連接 WS2812B RGB Led 模組，如下表所示，我們將 VCC、GND 接到開發板的電源端，而將 WS2812B RGB Led 模組控制腳位接到 Pieceduino 開發板數位腳位八(Digital Pin 8)，　就可以完成電路組立。

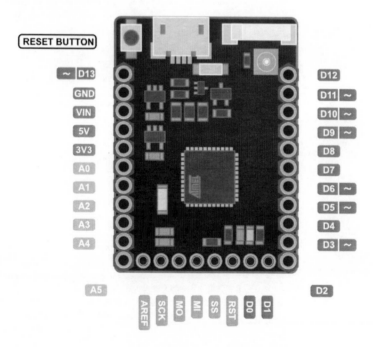

圖 43　Pieceduino 開發板接腳圖

TCP/IP 通訊基礎開發

如下圖所示，這個實驗我們需要用到的實驗硬體有下圖.(a)的 Pieceduino 開發板、下圖.(b) Micro USB 下載線。

(a). Pieceduino   (b). Micro USB 下載線

圖 44 通訊基礎開發所需材料表

我們遵照前幾章所述，將 Pieceduino 開發板的驅動程式安裝好之後，我們打開 Arduino 開發板的開發工具：Sketch IDE 整合開發軟體 (軟體下載請到：https://www.arduino.cc/en/Main/Software)，攥寫一段程式，如下表所示之通訊基礎開發測試程式，進行 TCP/IP 通訊開發。

表 13 通訊基礎開發測試程式

通訊基礎開發測試程式(TCP_Talk)

#include "pieceduino.h"
 	
pieceduino wifi(Serial1);
uint32_t len;
 	
String ReadStr = "   " ;
int delayval = 500; // delay for half a second
 	
void setup() {

```
// put your setup code here, to run once:
    Serial1.begin(115200);    //for pieceduino init wifi


Serial.begin(9600) ;


    wifi.begin();//初始化
wifi.reset();//重啟 WiFi
wifi.setWifiMode(2);//將 WiFi 模組設定為 Access Point 模式
if (wifi.setAP("PieceDuino-AP","12345678",1,0)){
    Serial.println("Create AP Success");
    Serial.print("IP: ");
    Serial.println(wifi.getIP());
}else{
    Serial.println("Create AP Failure");
}
wifi.enableMUX();//開啟多人連線模式
wifi.createTCPServer(8080);//開啟 TCP Server
  Serial.println(wifi.getIP());//取得 IP
    delay(2000) ;    //wait 2 seconds

}



void loop() {
  // put your main code here, to run repeatedly:

    len = wifi.recv();
    if (len > 0)
    {
            Serial.print("Wifi Received data len is :(") ;
            Serial.print(len) ;
            Serial.print(")\n") ;
            Serial.print("Receive Data is :(");
            Serial.print(wifi.MessageBuffer) ;
            Serial.print(")\n") ;

    }
```

```
}
```

程式下載網址：https://github.com/brucetsao/eHUE_Bulb_Pieceduino

如下圖所示，我們可以看到通訊基礎開發測試程式結果畫面。

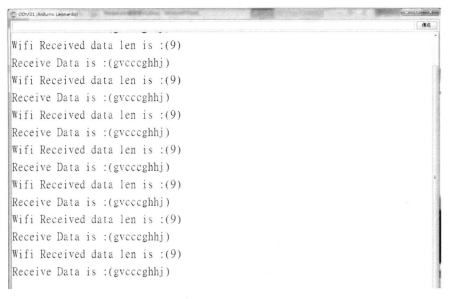

圖 45　通訊基礎開發測試程式結果畫面

App Inventor 2 上傳原始碼

本書有許多 App Inventor 2 程式範例，我們如果不想要一一重寫，可以取得範例網站的程式原始碼後，讀者可以參考本節內容，將這些程式原始碼上傳到我們個人帳號的 App Inventor 2 個人保管箱內，就可以編譯、發怖或進一步修改程式。

首先，如下圖所示，我們在 App Inventor 2 程式模塊編輯畫面之中，在『Projects』的選單下。

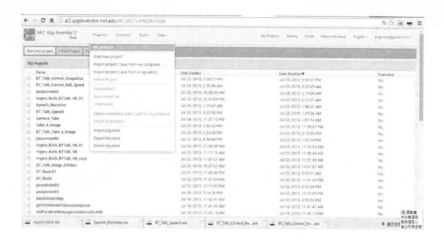

圖 46 切換到專案管理畫面

如下圖所示，我們在 App Inventor 2 程式模塊編輯畫面之中，點選在『Projects』的選單下『import project (.aia) from my computer』。

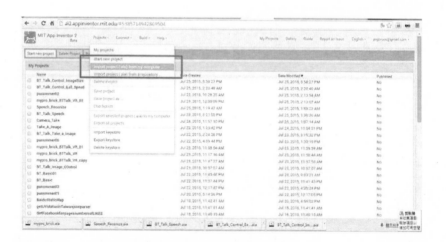

圖 47 上傳原始碼到我的專案箱

如下圖所示，出現『import project...』的對話窗，點選在『選擇檔案』的按紐。

圖 48 選擇檔案對話窗

　　如下圖所示，出現『開啟舊檔』的對話窗，請切換到您存放程式碼路徑，並點選您要上傳的『程式碼』。

圖 49 選擇電腦原始檔

　　如下圖所示，出現『開啟舊檔』的對話窗，請切換到您存放程式碼路徑，並點選您要上傳的『程式碼』，並按下『開啟』的按紐。

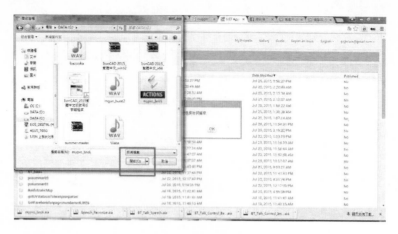

圖 50 開啟該範例

如下圖所示，出現『import project...』的對話窗，點選在『OK』的按鈕。

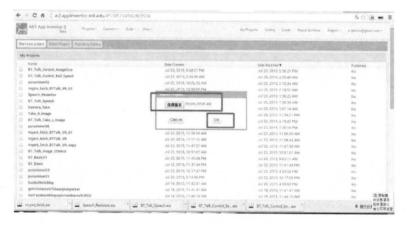

圖 51 開始上傳該範例

如下圖所示，如果上傳程式碼沒有問題，就會回到 App Inventor 2 的視覺編輯畫面，代表您已經正確上傳該程式原始碼了。

圖 52 上傳範例後開啟該範例

如果讀者不願意一步一步輸入，可以到筆者 gihub 網站：
https://github.com/brucetsao/eHUE_Bulb_Pieceduino/tree/master/Apps_Codes ，下載
TCP_Talk.aia 檔案，根據上面所述上傳到 App Inventor 2 之專案目錄上，或直接下
載 TCP_Talk.apk 檔案，直接安裝到 Android 作業系統的手機或平板。

手機 WIFI 基本通訊功能開發

由於我們使用**Android作業系統的手機或平板**與 Arduino 開發板的裝置進行控
制，由於手機或平板的設計限制，通常無法使用硬體方式連接與通訊，所以本節專
門介紹如何在手機、平板上如何使用常見的 Wifi 通訊來通訊，本節主要介紹 **App
Inventor 2 如**何建立一個 Wifi 通訊模組。

首先，如下圖所示，我們在 App Inventor 2 程式模塊編輯畫面之中，開立一個
新專案。

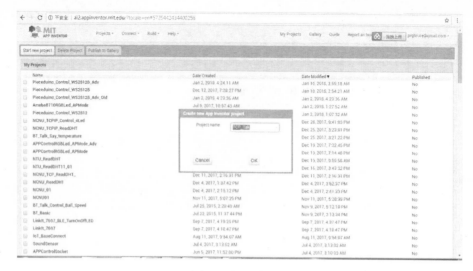

圖 53 建立新專案

系統設定

設定系統名稱

首先,如下圖所示,我們在先設定系統名稱。

圖 54 設定系統名稱

設定系統抬頭

首先，如下圖所示，我們在先設定系統的抬頭名稱為『TCP/IP 測試程式』。

圖 55 設定系統抬頭名稱

TCP/IP 擴充設定

安裝 TCPIP 擴充元件

首先，如下圖所示，我們必須要先安裝 TCP/IP 擴充元件。

圖 56 選擇擴充元件項

　　如下圖所示,系統會出現匯入擴充元件視窗,這時候我們透過這個匯入擴充元件視窗來讀取擴充元件。

圖 57 匯入擴充元件視窗

　　如下圖所示,我們必須選擇要匯入擴充元件所存在的路徑。

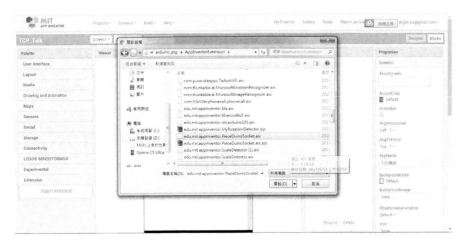

圖 58 選擇元件目錄所在地

如下圖所示，我們選到 TCPIP 擴充元件的路徑後，請選擇
edu.mit.appinventor.PieceDuinoSocket.aix 的檔案，按下開啟來匯入 TCPIP 擴充元件。

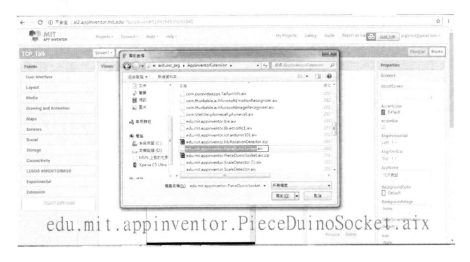

圖 59 選擇 TCPIP 擴充元件

如下圖所示，回到匯入擴充元件視窗後，請按下 Import 按鈕來匯入 TCPIP 擴
充元件。

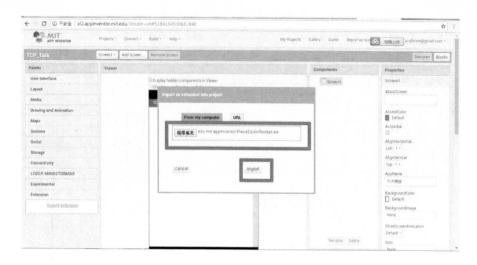

圖 60 選擇 TCPIP 擴充元件進行安裝

如下圖所示，如果成功匯入 TCPIP 擴充元件，我們在畫面上就可以看到 PieceDuinoSocket 的元件選項，此時代表我們成功匯入 TCPIP 擴充元件。

圖 61 安裝完成後可以見到擴充元件

使用 TCP/IP 元件

使用 TCPIP 元件

　　如下圖所示，我們拉出上面安裝好的 TCPIP 擴充元件，將之拉到畫面中就可以，拉完後可以在畫面下方出現 PieceDuinoSocket 的元件，因為 PieceDuinoSocket 的元件是不可視元件，所以該 PieceDuinoSocket 的元件不會出現在畫面上，會出現在畫面下方。

圖 62 使用 PieceDuinoSocket 元件

　　如下圖所示，我們將拉出的 PieceDuinoSocket 元件，按下 Rename 按鈕來變更拉出的 PieceDuinoSocket 元件名稱為『TCP_Socket』。

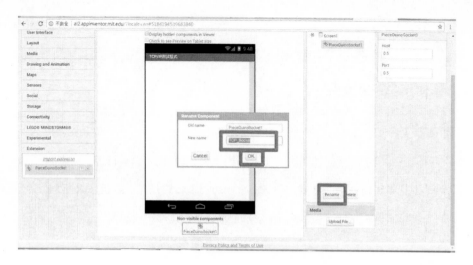

圖 63 修改 TCPIP 元件名稱

完成修改名稱後，如下圖所示，我們可以看到拉出的 PieceDuinoSocket 元件名稱已改成『TCP_Socket』。

圖 64 完成修改 TCPIP 元件名稱

主介面開發

接下來我們要進入主畫面設計的步驟。

主介面設計

如下圖所示，我們增加拉出的 VerticalArrangement 元件來做為畫面規劃的依據。

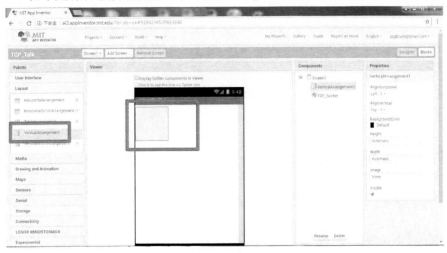

圖 65 拉出的 VerticalArrangement 元件

如下圖所示，我們將拉出的 VerticalArrangement 元件的寬度進行設定，將其拉出的 VerticalArrangement 元件的寬度設為 98%。

圖 66 設定 98 百分比寬度

設定完成後，如下圖所示，我們完成設定 98 百分比寬度。

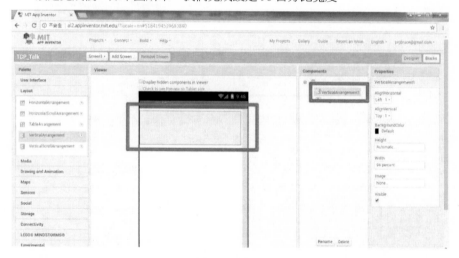

圖 67 完成設定 98 百分比寬度

如下圖所示，我們拉出兩個子 VerticalArrangement 元件。

圖 68 拉出兩個子 VerticalArrangement 元件

　　如下圖所示，我們第一個拉出的 VerticalArrangement 元件，按下 Rename 按鈕來變更拉出的 VerticalArrangement 元件名稱為『Connect_Wifi』。

圖 69 改變第一個 VerticalArrangement 名稱

　　如下圖所示，我們完成第一個拉出的 VerticalArrangement 元件的名稱變更為『Connect_Wifi』。

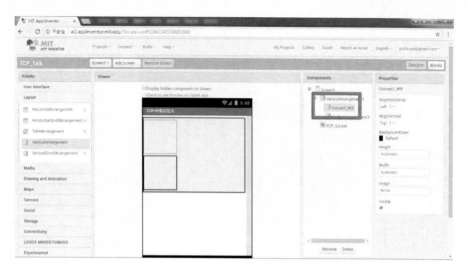

圖 70 完成改變第一個 VerticalArrangement 名稱

　　如下圖所示，我們將拉出的第一個 VerticalArrangement 元件的寬度進行設定，將其拉出的 VerticalArrangement 元件的寬度設為 95%。

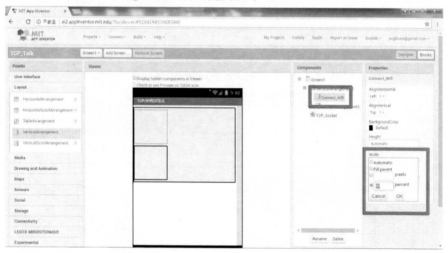

圖 71 改變第一個 VerticalArrangement 寬度

　　如下圖所示，我們完成第一個 VerticalArrangement 元件的寬度設定。

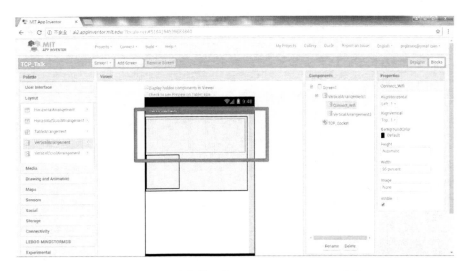

圖 72 完成改變第一個 VerticalArrangement 寬度

如下圖所示，我們第二個拉出的 VerticalArrangement 元件，按下 Rename 按鈕來變更拉出的 VerticalArrangement 元件名稱為『Main_Control』。

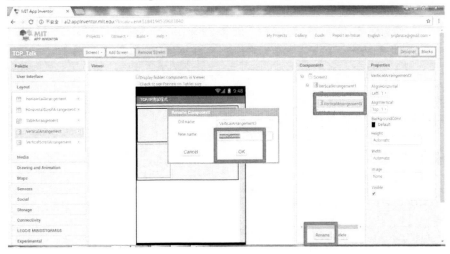

圖 73 改變第二個 VerticalArrangement 元件名稱

如下圖所示，我們完成第二個拉出的 VerticalArrangement 元件的名稱變更文為『Main_Control』。

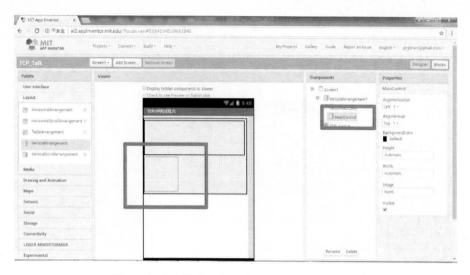

圖 74 完成改變第二個 VerticalArrangement 名稱

　　如下圖所示，我們將拉出的第二個 VerticalArrangement 元件的寬度進行設定，

將其拉出的 VerticalArrangement 元件的寬度設為 95%。

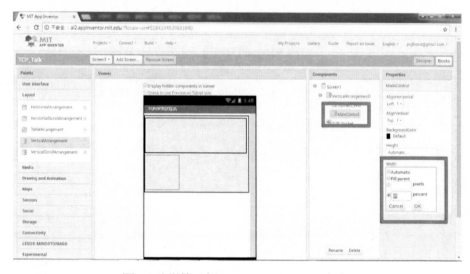

圖 75 改變第二個 VerticalArrangement 寬度

如下圖所示，我們完成第二個 VerticalArrangement 元件的寬度設定。

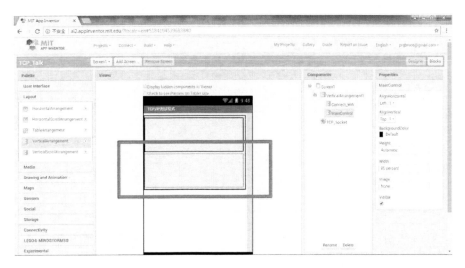

圖 76 完成改變第二個 VerticalArrangement 元件寬度

到此我們已經完成畫面的規劃(Screen LayOut)。

網路連接介面開發

網路連接介面設計

如下圖所示，我們拉出 Button 元件，來當為連線的控制。

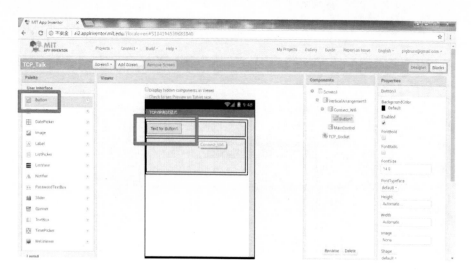

圖 77 拉出 Button 元件

如下圖所示，我們將拉出的 Button 元件，按下 Rename 按鈕來變更拉出的 Button 元件名稱為『ConnectWifi』。

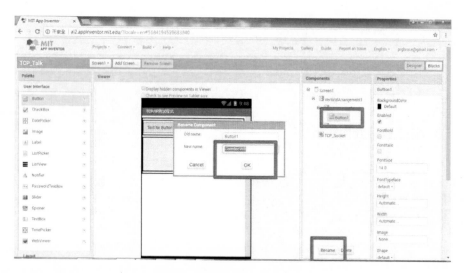

圖 78 變更 Button 元件名稱

如下圖所示，我們將拉出的 Button 元件的 Text 屬性，變更為『網路連線』。

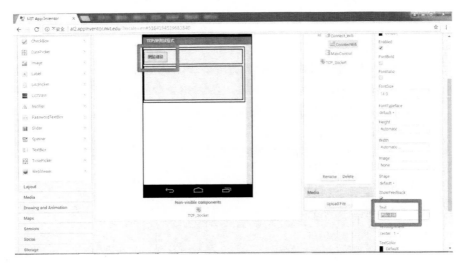

圖 79 變更 Button 元件 Text 內容

傳送文字介面開發

如下圖所示，我們拉出的 HorizontalArrangement 元件，規劃成主畫面的控制畫面。

圖 80 拉出 HorizontalArrangement 元件

如下圖所示，我們將拉出的 HorizontalArrangement 元件，將其寬度設到最大。

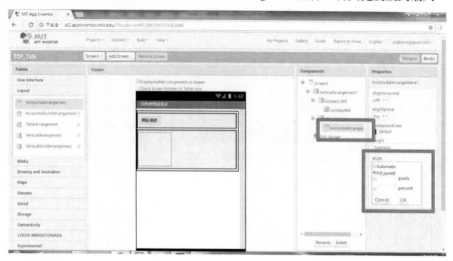

圖 81 設定拉出 HorizontalArrangement 元件寬度設到最大

如下圖所示，我們拉出 Label 元件。

圖 82 拉出 Label 元件

如下圖所示，我們拉出 Label 元件 Text 屬性，變更為『傳送文字』。。

圖 83 設定拉出 Label 元件之 Text 內容

如下圖所示，我們拉出 TextBox 元件。

圖 84 拉出 TextBox 元件

如下圖所示，我們拉出 Button 元件，來當作傳送文字的控制元件。

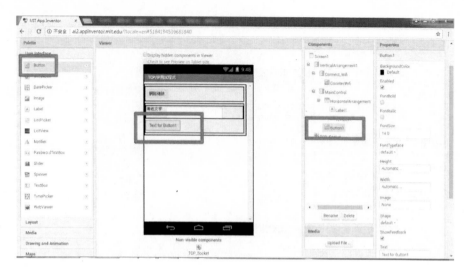

圖 85 拉出傳送文字之 Button 元件

如下圖所示，我們將拉出 Button 元件之 Text 屬性，變更為『傳送文字』。

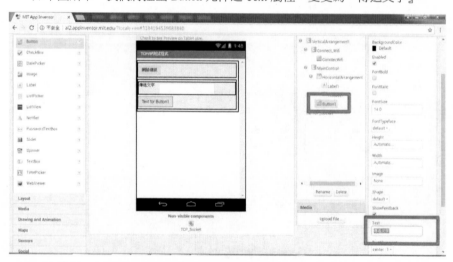

圖 86 變更傳送文字之 Button 元件之 Text 屬性

控制程式開發-初始化

切換程式設計視窗

如下圖所示，我們進入程式設計，請點選如下圖所示之紅框區『Blocks』按鈕。

圖 87 切換程式設計模式

開始設計程式

如下圖所示，我們先進行系統初始化設定，先選擇下圖所示之最左邊紅框，選擇『Screen1』元件。

接下來在選擇『Screen1』元件內的『initialize』程序，攢寫下圖所示之最右邊紅框的的程式內容，進行系統初始化設定

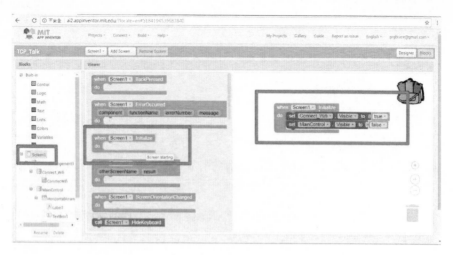

圖 88 系統初始化設定

　　如下圖所示，我們在進行連接網路程序，先選擇下圖所示之最左邊紅框，選擇
『ConnectWifi』Button 元件。

　　接下來在選擇『ConnectWifi』Button 元件內的『Click』程序，攥寫下圖所示之
最右邊紅框的的程式內容，進行連接網路程序

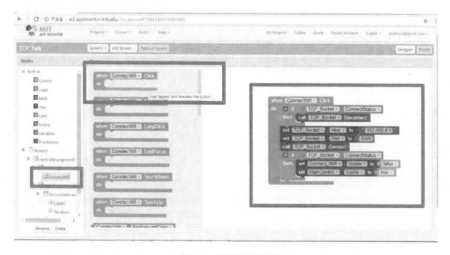

圖 89 連接網路程序

傳送文字程序

如下圖所示，我們在進行傳送文字程序，先選擇下圖所示之最左邊紅框，選擇『Button1』元件。

接下來在選擇『Button』元件內的『Click』程序，撰寫下圖所示之最右邊紅框的的程式內容，進行傳送文字程序

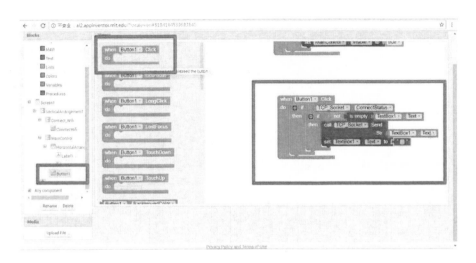

圖 90 傳送文字程序

建立 APK 安裝檔

如下圖所示，我們回到介面設計模次，點選如下圖第一個紅框處『Build』按鈕，選擇如下圖第二個紅框處『APP (save apk to my computer)』的選單，產生安裝的 APK 安裝檔。

產生安裝的 APK 安裝檔完成後，系統會自動下載 APK 安裝檔，讀者只要將之存到有空間的目錄下就可以了(曹永忠, 許智誠, & 蔡英德, 2016a, 2016b; 曹永忠, 蔡佳軒, 許智誠,& 蔡英德, 2015a, 2015b)。

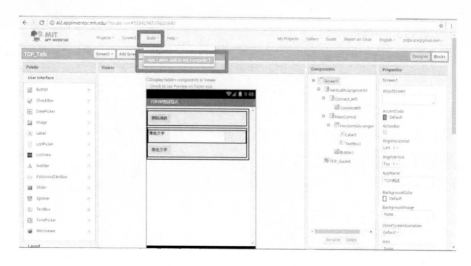

圖 91 產生 APK 安裝檔

接下來讀者將下載 APK 安裝檔，透過 USB 線，網路傳輸、郵件、或其他任何方法將之傳到 Android 智慧型手機的儲存空間後，透過 Android 智慧型手機的安裝程式進行安裝，就可以開始進行測試了。

系統測試

如下圖所示，我們安裝下載的 APK 安裝檔，在手機桌面應該會出現如下圖所示之紅框處之『TCP 測試』應用程式。

圖 92 安裝好 TCP 測試之程式

點選『TCP 測試』應用程式之後，如下圖所示，會進入 TCP 測試主畫面。

圖 93 TCP 測試主畫面

進入 TCP 測試主畫面之後，請點選如下圖所示之紅框處『網路連線』，進行網路連線。

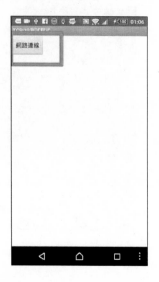

圖 94 TCP 測試-連接網路

如下圖所示，我們進入 TCP 測試系統主畫面。

圖 95 TCP 測試系統主畫面

我們在如下圖所示之第一個紅框，輸入要傳送的文字，在按下下圖所示之第二個紅框『傳送文字』，將下圖所示之第一個紅框內的文字，傳輸到主機端。

圖 96 TCP 測試-輸入文字測試

如下圖所示，我們透過 IDE 開發程式的監控視窗，可以看到 Pieceduino 開發板的主機(伺服器)可以成功讀取到上圖所示之輸入文字內容。

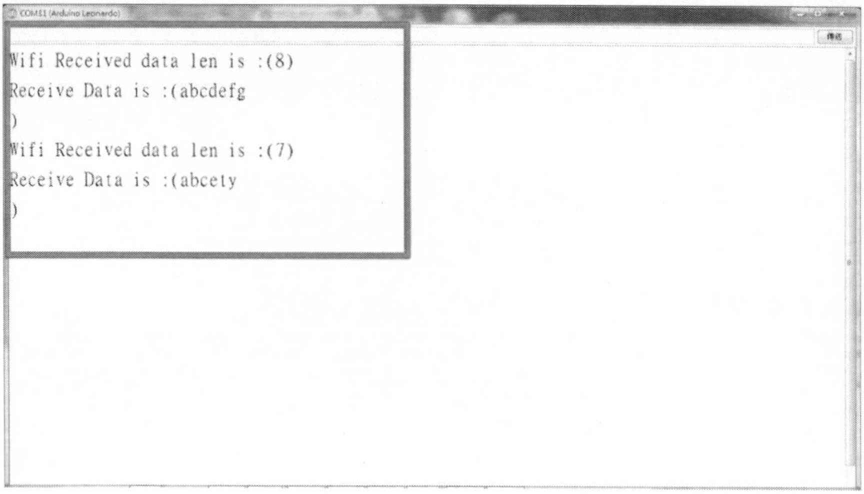

圖 97 手機進行通訊基礎開發測試程式結果畫面

章節小結

　　本章主要介紹如何在手機上，透過 App Inventor 2 開發工具，透過 TCP/IP 網路傳輸，傳送資訊到 Pieceduino 開發板，相信讀者已經把握到基礎知識與程式設計的訣竅，接下來可以更有基礎進入開發步驟。

CHAPTER

氣氛燈泡專案介紹

筆者寫過幾本書：『Ameba 氣氛燈程式開發(智慧家庭篇):Using Ameba to Develop a Hue Light Bulb (Smart Home)』(曹永忠, 吳佳駿, et al., 2016a, 2016b)、『藍芽氣氛燈程式開發(智慧家庭篇) (Using Nano to Develop a Bluetooth-Control Hue Light Bulb (Smart Home Series))』(曹永忠, 吳佳駿, et al., 2017d, 2017e)、『Ameba 8710 Wifi 氣氛燈硬體開發(智慧家庭篇) (Using Ameba 8710 to Develop a WIFI-Controled Hue Light Bulb (Smart Home Serise))』(曹永忠, 許智誠, et al., 2017a, 2017b)，筆者已經可以使用手機，透過藍芽傳輸控制 RGB Led 燈泡，但是我們發現，使用手機與藍芽，只能同時控制一顆燈泡。

對於家居中，一顆燈泡是不足夠的，我們需要一個同步可以一對多的通訊方式，我們發現，使用 TCP/IP 網路通訊，則可以做到這樣的功能，所以我們要使用更進階方式來控制 RGB Led 燈泡，可以達到更接近同時許多燈泡的控制能力。

本文使用 WS2812B RGB Led 模組，配合小而強大的 Pieceduino 開發板，開發如此強大的功能，最後並透過燈泡外殼，將整個裝置，轉成一個完整功能的商品功能，希望這樣的開發，期望讀者在閱讀本書之後可以將其功能進階到更廣泛的物聯網應用。

WS2812B 模組介紹

WS2812B 模組 是一顆內建微處理機控制器的 RGB LED ，如下圖.(a)所示，它將串列傳輸、PWM 調光電路、5050 RGB LED 等包裝成一個 RGB LED，只需要提供電力與一條串列傳輸的腳位就可以控制燈泡變化一千六百萬色顏色。

WS2812B 模組使用串列方式傳送資料，如下圖.(b) 所示，都一個單獨的 WS2812B 模組都有六個腳位，兩組電源可以一直串聯，控制腳位則有一個輸入 (DI/Din)，一個輸出(DO/Dout)，所以非常容易串接成一個長條，如下下圖所示，甚至可以串接成各種形狀，一組 WS2812B 模組(由多個串聯的所需要的形狀，如下下圖所示)，第一顆 WS2812B 模組的串連到第二顆 WS2812B 模組，第二顆 WS2812B 模組串連到第三科，以此類推，其電路為上一顆 WS2812B 模組的輸出(DO/Dout)連接電路到下一顆 WS2812B 模組的輸入(DI/Din)，電源部分則是用並聯的方式共用正負極，不過由下圖所示，讀者可以看到，電源端還是有分輸入端與輸出端，不過這只是方便使用者接腳，其實電源端內部是不分輸入與輸出的。

WS2812B 模組只需要將第一顆的電源接上，控制電路部分，只需要接第一顆 WS2812B 模組的輸入(DI/Din)端，所有控制只需要僅一條資料線即可控制每一顆一顆 WS2812B 模組的 RGB LED 的所有顏色，其 WS2812B 模組還內建波形整形電路，使多顆 WS2812B 模組串聯與長距離傳輸資料的可靠性增高，但是越多顆的缺點為傳輸時間較長。不過由於目前所有微處理機的傳輸速度都非常高速，所以延遲時間不會造成太大影響。並且 WS2812B 模組在傳輸過程之中，接收到顏色資料以後，會先將資料存放在緩衝區，等到接收到顯示指令時，才會將緩衝區的內容顯示出來，這樣避免長途傳輸中閃爍的問題(曹永忠, 2017)。

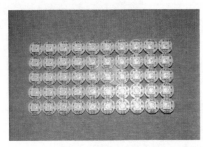 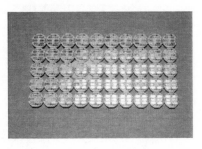

(a). WS2812B 模組發光面   (b). WS2812B 模組接腳面

圖 98 WS2812B 模組

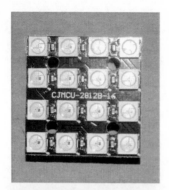

圖 99 WS2812B 模組

使用 WS2812B 模組

如下圖所示，為了可以較強的亮度，筆者使用 4X4 WS2812B LED 串聯模組，這個模組讀者可以隨意在市面上、露天拍賣、淘寶拍賣上取得，由於我們不需要再串聯另一個模組，所以我們只需要連接 VCC、GND、IN 三個腳位，請讀者使用杜邦線，把一頭剪掉後，如下圖.(c)所示，接出三條杜邦線母頭就可以了。

(a). WS2812B 模組正面

(b). WS2812B 模組接腳

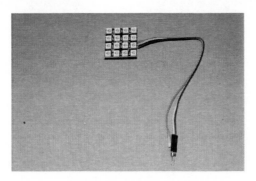
(c).焊接好之 WS2812B 模組

圖 100 WS2812B 模組

WS 2812B 電路組立

如下圖所示，我們可以看到 Pieceduino 開發板所提供的接腳圖，本文是使用

Pieceduino 開發板，連接 WS2812B RGB Led 模組，如下表所示，我們將 VCC、GND 接到開發板的電源端，而將 WS2812B RGB Led 模組控制腳位接到 Pieceduino 開發板數位腳位八(Digital Pin 8)， 就可以完成電路組立。

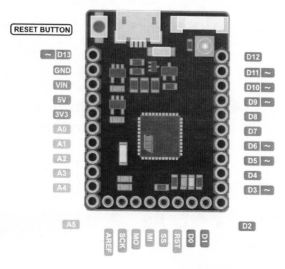

圖 101　Pieceduino 開發板接腳圖

我們可以遵照下表之 WS2812B RGB 全彩燈泡接腳表進行電路組立，完成下圖所示之電路圖。

表 14 WS2812B RGB 全彩燈泡接腳表

WS2812B RGB LED	開發板
VCC	+5V
GND	GND
IN	Digital Pin 8

WS2812B RGB LED	開發板

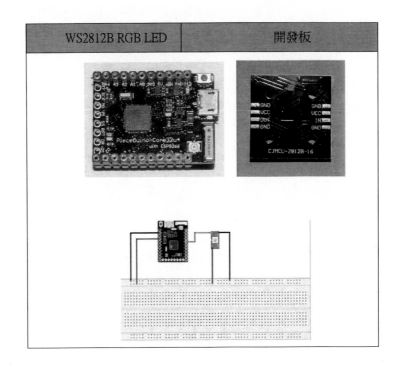

也可以參考下圖所示之電路圖，完成下圖所示之電路圖。

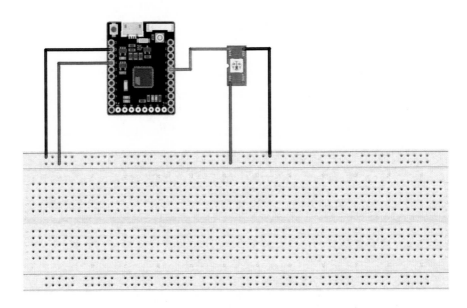

圖 102　WS2812B RGB 全彩燈泡電路圖

透過命令控制 WS2812B 顯示顏色

我們將 PieceDuimo 開發板的驅動程式安裝好之後，我們打開 Arduino 開發板的開發工具：Sketch IDE 整合開發軟體 (軟 體 下 載 請 到 ： https://www.arduino.cc/en/Main/Software)，攥寫一段程式，如下表所示之使用命令控制全彩發光二極體測試程式，控制全彩發光二極體紅色、綠色、藍色測試。

表 15 使用命令控制全彩發光二極體測試程式

使用命令控制全彩發光二極體測試程式(WSControlRGBLed2)
| ```c
#include "Pinset.h"
// NeoPixel Ring simple sketch (c) 2013 Shae Erisson
// released under the GPLv3 license to match the rest of the AdaFruit NeoPixel library
#include <Adafruit_NeoPixel.h>


// Which pin on the Arduino is connected to the NeoPixels?


// How many NeoPixels are attached to the Arduino?

#include <String.h>
Adafruit_NeoPixel pixels = Adafruit_NeoPixel(NUMPIXELS, WSPIN, NEO_GRB +
NEO_KHZ800);

byte RedValue = 0, GreenValue = 0, BlueValue = 0;
String ReadStr = "          " ;

void setup() {
  // put your setup code here, to run once:

    randomSeed(millis());
  Serial.begin(9600) ;
  Serial.println("Program Start Here") ;
  pixels.begin(); // This initializes the NeoPixel library.
    ChangeBulbColor(RedValue,GreenValue,BlueValue) ;
}
``` |
```

```
int delayval = 500; // delay for half a second

void loop() {
    // put your main code here, to run repeatedly:
    if (Serial.available() >0)
    {
        ReadStr = Serial.readStringUntil(0x23) ;       // read char @
        //   Serial.read() ;
            Serial.print("ReadString is :(") ;
            Serial.print(ReadStr) ;
            Serial.print(")\n") ;
            if (DecodeString(ReadStr,&RedValue,&GreenValue,&BlueValue) )
                {
                    Serial.println("Change RGB Led Color") ;
                    ChangeBulbColor(RedValue,GreenValue,BlueValue) ;
                }
    }



}

void ChangeBulbColor(int r,int g,int b)
{
        // For a set of NeoPixels the first NeoPixel is 0, second is 1, all the way up to
the count of pixels minus one.
        for(int i=0;i<NUMPIXELS;i++)
        {
                // pixels.Color takes RGB values, from 0,0,0 up to 255,255,255
                pixels.setPixelColor(i, pixels.Color(r,g,b)); // Moderately bright green color.
                pixels.show(); // This sends the updated pixel color to the hardware.
                // delay(delayval); // Delay for a period of time (in milliseconds).
        }
}

boolean DecodeString(String INPStr, byte *r, byte *g , byte *b)
{
                        Serial.print("check sgtring:(") ;
                        Serial.print(INPStr) ;
```

```
                                    Serial.print(")\n") ;

            int i = 0 ;
            int strsize = INPStr.length();
            for(i = 0 ; i <strsize ;i++)
                {
                            Serial.print(i) ;
                            Serial.print(":(") ;
                                Serial.print(INPStr.substring(i,i+1)) ;
                            Serial.print(")\n") ;

                    if (INPStr.substring(i,i+1) == "@")
                        {
                            Serial.print("find @ at :(") ;
                            Serial.print(i) ;
                                Serial.print("/") ;
                                    Serial.print(strsize-i-1) ;
                                Serial.print("/") ;
                                    Serial.print(INPStr.substring(i+1,strsize)) ;
                            Serial.print(")\n") ;
                            *r = byte(INPStr.substring(i+1,i+1+3).toInt()) ;
                            *g = byte(INPStr.substring(i+1+3,i+1+3+3).toInt() ) ;
                            *b =
byte(INPStr.substring(i+1+3+3,i+1+3+3+3).toInt() ) ;
                                Serial.print("convert into :(") ;
                                Serial.print(*r) ;
                                 Serial.print("/") ;
                                Serial.print(*g) ;
                                 Serial.print("/") ;
                                Serial.print(*b) ;
                                 Serial.print(")\n") ;

                            return true ;
                        }
                }
            return false ;

    }
```

程式下載網址：https://github.com/brucetsao/eHUE_Bulb_Pieceduino

表 16 使用命令控制全彩發光二極體測試程式(include 檔)

使用命令控制全彩發光二極體測試程式(Pinset.h)
#define WSPIN   8
#define NUMPIXELS   16
#define RxPin   7
#define TxPin   6

程式下載網址：https://github.com/brucetsao/eHUE_Bulb_Pieceduino

如下圖所示，我們可以看到混色控制全彩發光二極體測試程式結果畫面。

	紅色顯示	綠色顯示	藍色顯示
監控畫面	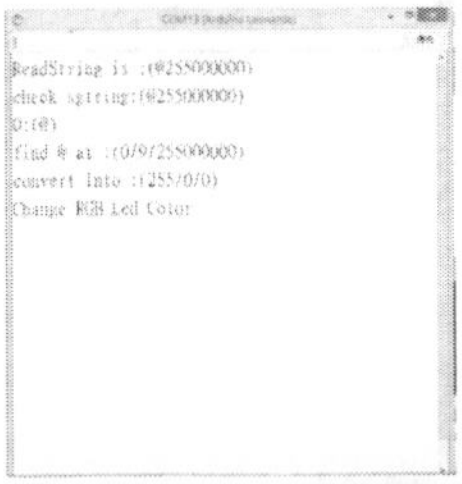 ReadString is :(@255000000) check sgting:(@255000000) 0:(@) find @ at :(0/9/255000000) convert into :(255/0/0) Change RGB Led Color	 ReadString is :(@255000000) check sgting:(@255000000) 0:(@) find @ at :(0/9/255000000) convert into :(255/0/0) Change RGB Led Color ReadString is :(@000255000) check sgting:(@000255000) 0:(@) find @ at :(0/10/000255000) convert into :(0/255/0) Change RGB Led Color	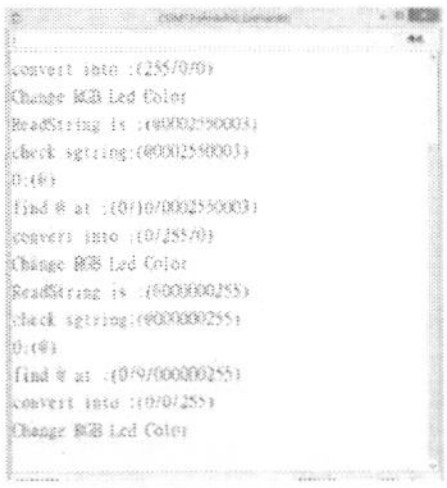 convert into :(255/0/0) Change RGB Led Color ReadString is :(@000255000) check sgting:(@000255000) 0:(@) find @ at :(0/10/000255000) convert into :(0/255/0) Change RGB Led Color ReadString is :(@000000255) check sgting:(@000000255) 0:(@) find @ at :(0/9/000000255) convert into :(0/0/255) Change RGB Led Color
實體顯示	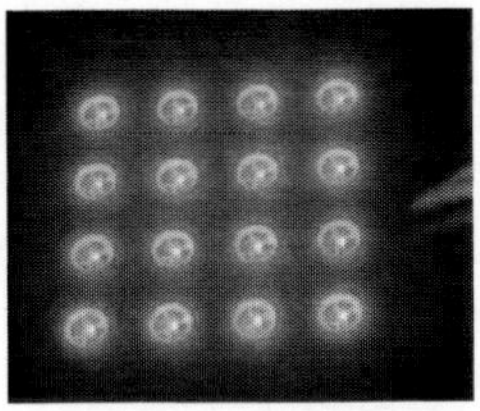	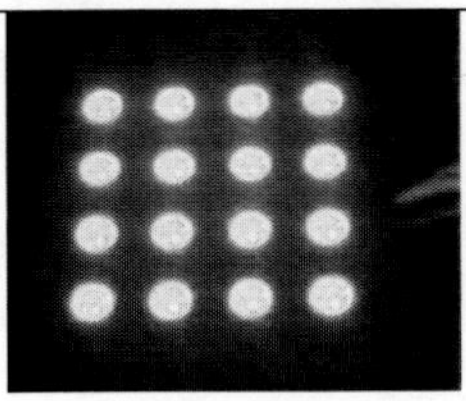	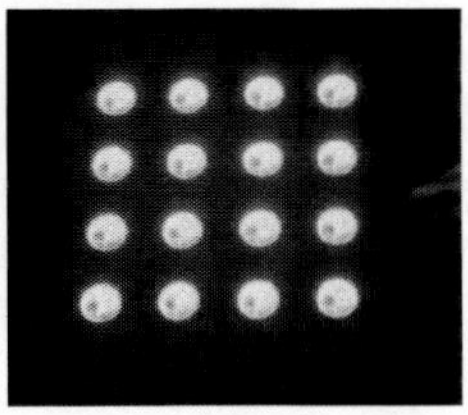

圖 103 使用命令控制全彩發光二極體測試程式結果畫面

控制命令解釋

由於透過 TCP/IP Socket 通訊方式輸入，將 RGB(紅色、綠色、藍色)三個顏色的代碼輸入，透過解碼來還原 RGB(紅色、綠色、藍色)三個顏色值，進而填入 WS2812B 全彩燈泡模組的發光顏色電壓，來控制顏色。

所以我們使用了『@』這個指令，來當作所有的資料開頭，接下來就是第一個紅色燈光的值，其紅色燈光的值使用『000』~『255』來當作紅色顏色的顏色值，『000』

代表紅色燈光全滅，『255』代表紅色燈光全亮，中間的值則為線性明暗之間為主。

接下來就是第二個綠色燈光的值，其綠色燈光的值使用『000』~『255』來當作綠色顏色的顏色值，『000』代表綠色燈光全滅，『255』代表綠色燈光全亮，中間的值則為線性明暗之間為主。

最後一個藍色燈光的值，其藍色燈光的值使用『000』~『255』來當作藍色顏色的顏色值，『000』代表藍色燈光全滅，『255』代表藍色燈光全亮，中間的值則為線性明暗之間為主。

在所有顏色資料傳送完畢之後，所以我們使用了『#』這個指令，來當作所有的資料的結束，如下圖所示，我們輸入

@255000000#

如下圖所示，我們在 TCP Socket 應用程式，在 Send 內容輸入其值：

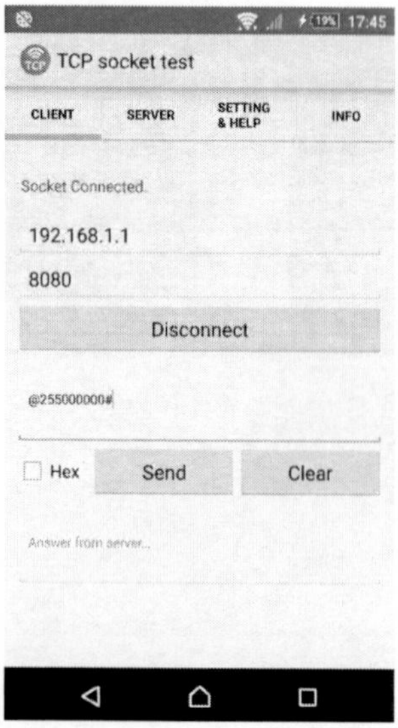

圖 104 輸入@255000000#

如下圖所示，程式就會進行解譯為：R=255，G=000，B=000：

```
                                    COM18
Now Someone Access WebServer
new client
 @read head happen
2Time Consume:4
5Time Consume:8
5Time Consume:13
0Time Consume:18
0Time Consume:22
0Time Consume:27
0Time Consume:32
0Time Consume:36
0Time Consume:41
#read string :255000000
check string:(255000000)
convert into :(255/0/0)
Change RGB Led Color
```

圖 105 @255000000#結果畫面

如下圖所示，我們可以看到混色控制 WS2812B 全彩燈泡模組測試程式結果畫面。

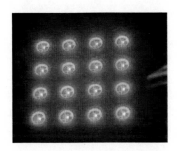

圖 106 @255000000#燈泡顯示

第二次測試

如下圖所示，我們輸入

@000255000#

如下圖所示，我們在 TCP Socket 應用程式，在 Send 內容輸入其值：

圖 107 輸入@000255000#

如下圖所示，程式就會進行解譯為：R=000，G=255，B=000：

```
                                    COM18
check string:(255000000)
convert into :(255/0/0)
Change RGB Led Color
#read head happen
0Time Consume:4
0Time Consume:8
0Time Consume:12
2Time Consume:17
5Time Consume:22
5Time Consume:27
0Time Consume:31
0Time Consume:36
0Time Consume:41
#read string :000255000
check string:(000255000)
convert into :(0/255/0)
Change RGB Led Color
```

圖 108 @000255000#結果畫面

如下圖所示，我們可以看到混色控制 WS2812B 全彩燈泡模組測試程式結果畫面。

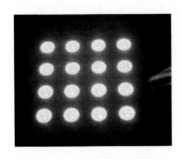

圖 109 @000255000#燈泡顯示

第三次測試

如下圖所示，我們輸入

@000000255#

如下圖所示，我們在 TCP Socket 應用程式，在 Send 內容輸入其值：

圖 110 輸入@000000255#

如下圖所示，程式就會進行解譯為：R=000，G=000，B=255：

```
check string:(000255000)
convert into :(0/255/0)
Change RGB Led Color
@read head happen
0Time Consume:3
0Time Consume:8
0Time Consume:12
0Time Consume:17
0Time Consume:22
0Time Consume:26
2Time Consume:31
5Time Consume:36
5Time Consume:41
#read string :000000255
check string:(000000255)
convert into :(0/0/255)
Change RGB Led Color
```

☑ 自動捲動   沒有行結

圖 111 @000000255#結果畫面

如下圖所示，我們可以看到混色控制 WS2812B 全彩燈泡模組測試程式結果畫面。

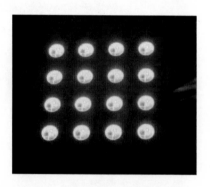

圖 112 @000000255#燈泡顯示

第四次測試(錯誤值)

如下圖所示，我們輸入

128128000#

如下圖所示，我們在 TCP Socket 應用程式，在 Send 內容輸入其值：

圖 113 輸入 128128000#

如下圖所示，我們希望程式就會進行解譯為：R=128，G=128，B=000：

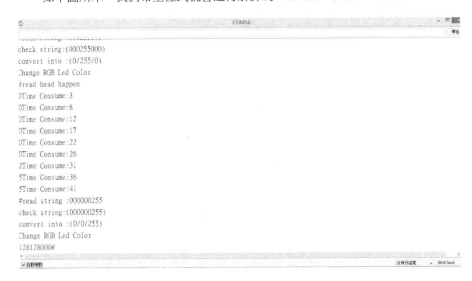

圖 114 128128000#結果畫面

但是在上圖所示，我們可以看到缺乏使用了『＠』這個指令來當作所有的資料開頭值，所以無法判別那個值，而無法解譯成功，該 DecodeString(String INPStr, byte *r, byte *g , byte *b)傳回 FALSE，而不進行改變顏色。

第五次測試

如下圖所示，我們輸入

@128128000#

如下圖所示，我們在 TCP Socket 應用程式，在 Send 內容輸入其值：

圖 115 輸入@128128000#

如下圖所示，程式就會進行解譯為：R=128，G=128，B=000：

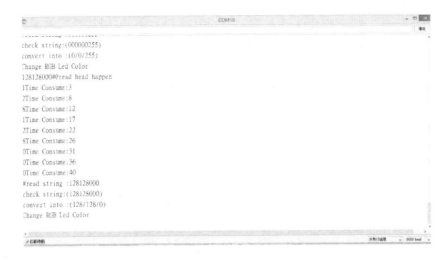

```
                              COM18
check string:(000000255)
convert into :(0/0/255)
Change RGB Led Color
128128000#read head happen
1Time Consume:3
2Time Consume:8
8Time Consume:12
1Time Consume:17
2Time Consume:22
8Time Consume:26
0Time Consume:31
0Time Consume:36
0Time Consume:40
#read string :128128000
check string:(128128000)
convert into :(128/128/0)
Change RGB Led Color
```

圖 116 @128128000#結果畫面

如下圖所示，我們可以看到混色控制 WS2812B 全彩燈泡模組測試程式結果畫面。

圖 117 @128128000#燈泡顯示

第六次測試

如下圖所示，我們輸入

@000255255#

如下圖所示，我們在 TCP Socket 應用程式，在 Send 內容輸入其值：

圖 118 輸入@000255255#

如下圖所示，程式就會進行解譯為：R=000，G=255，B=255：

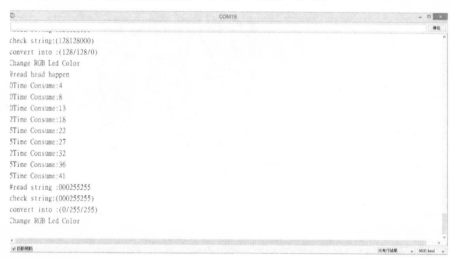

圖 119 @000255255#結果畫面

這個結果就請讀者自行測試，本文就不再這裡詳述之。

使用 TCP/IP 控制燈泡

本文希望可以透過 TCP/IP 通訊方式控制燈泡，所以我們參考 Pieceduino 官網之中，有關於讓 PieceDuino 連網(網址:

http://www.pieceduino.com/project/%E8%AE%93pieceduino%E9%80%A3%E7%B6%B2%E5%90%A7%EF%BD%9E/)，參考其原理，我們可以寫出一個 TCP/IP 伺服器控制程式，如下表所示之使用 TCP/IP 控制全彩發光二極體測試程式(曹永忠, 2017)，透過 TCP/IP 命令傳輸來控制全彩發光二極體全彩顏色的測試。

表 17 使用 TCP/IP 控制全彩發光二極體測試程式

使用 TCP/IP 控制全彩發光二極體測試程式(TCP_WSControlRGBLed)

```
#include "Pinset.h"
// NeoPixel Ring simple sketch (c) 2013 Shae Erisson
// released under the GPLv3 license to match the rest of the AdaFruit NeoPixel library
#include <Adafruit_NeoPixel.h>


// Which pin on the Arduino is connected to the NeoPixels?


// How many NeoPixels are attached to the Arduino?

#include <String.h>
Adafruit_NeoPixel pixels = Adafruit_NeoPixel(NUMPIXELS, WSPIN, NEO_GRB +
NEO_KHZ800);

byte RedValue = 0, GreenValue = 0, BlueValue = 0;
String ReadStr = "          " ;

void setup() {
    // put your setup code here, to run once:

      randomSeed(millis());
    Serial.begin(9600) ;
    Serial.println("Program Start Here") ;
    pixels.begin(); // This initializes the NeoPixel library.
```

```
            ChangeBulbColor(RedValue,GreenValue,BlueValue) ;
    }

int delayval = 500; // delay for half a second

void loop() {
    // put your main code here, to run repeatedly:
    if (Serial.available() >0)
    {
        ReadStr = Serial.readStringUntil(0x23) ;         // read char @
        //    Serial.read() ;
          Serial.print("ReadString is :(") ;
            Serial.print(ReadStr) ;
            Serial.print(")\n") ;
            if (DecodeString(ReadStr,&RedValue,&GreenValue,&BlueValue) )
                {
                    Serial.println("Change RGB Led Color") ;
                    ChangeBulbColor(RedValue,GreenValue,BlueValue) ;
                }
    }



}

void ChangeBulbColor(int r,int g,int b)
{
        // For a set of NeoPixels the first NeoPixel is 0, second is 1, all the way up to
the count of pixels minus one.
        for(int i=0;i<NUMPIXELS;i++)
        {
                // pixels.Color takes RGB values, from 0,0,0 up to 255,255,255
                pixels.setPixelColor(i, pixels.Color(r,g,b)); // Moderately bright green color.
                pixels.show(); // This sends the updated pixel color to the hardware.
                // delay(delayval); // Delay for a period of time (in milliseconds).
        }
}

boolean DecodeString(String INPStr, byte *r, byte *g , byte *b)
{
```

```
                              Serial.print("check sgtring:(") ;
                              Serial.print(INPStr) ;
                                  Serial.print(")\n") ;


          int i = 0 ;
          int strsize = INPStr.length();
          for(i = 0 ; i <strsize ;i++)
                  {
                              Serial.print(i) ;
                              Serial.print(":(") ;
                                  Serial.print(INPStr.substring(i,i+1)) ;
                              Serial.print(")\n") ;

                  if (INPStr.substring(i,i+1) == "@")
                      {
                              Serial.print("find @ at :(") ;
                              Serial.print(i) ;
                                  Serial.print("/") ;
                                      Serial.print(strsize-i-1) ;
                                  Serial.print("/") ;
                                      Serial.print(INPStr.substring(i+1,strsize)) ;
                              Serial.print(")\n") ;
                                *r = byte(INPStr.substring(i+1,i+1+3).toInt()) ;
                                *g = byte(INPStr.substring(i+1+3,i+1+3+3).toInt() ) ;
                                *b =
byte(INPStr.substring(i+1+3+3,i+1+3+3+3).toInt() ) ;
                                  Serial.print("convert into :(") ;
                              Serial.print(*r) ;
                                Serial.print("/") ;
                              Serial.print(*g) ;
                                Serial.print("/") ;
                              Serial.print(*b) ;
                                Serial.print(")\n") ;

                              return true ;
                      }
                  }
          return false ;
```

```
                    }
```

程式下載網址：https://github.com/brucetsao/eHUE_Bulb_Pieceduino

表 18 使用 TCP/IP 控制全彩發光二極體測試程式(include 檔)

使用 TCP/IP 控制全彩發光二極體測試程式(Pinset.h)

```
// Which pin on the Arduino is connected to the NeoPixels?
#define WSPIN                8

// How many NeoPixels are attached to the Arduino?
#define NUMPIXELS        16
#define RxPin        7
#define TxPin        6
#define _Debug 1
#define TestLed 1
#include <String.h>
#define CheckColorDelayTime 200
#define initDelayTime 2000
#define CommandDelay 100
int CheckColor[][3] = {
                                {255 , 255,255} ,
                                {255 , 0,0} ,
                                {0 , 255,0} ,
                                {0 , 0,255} ,
                                {255 , 128,64} ,
                                {255 , 255,0} ,
                                {0 , 255,255} ,
                                {255 , 0,255} ,
                                {255 , 255,255} ,
                                {255 , 128,0} ,
                                {255 , 128,128} ,
                                {128 , 255,255} ,
                                {128 , 128,192} ,
                                {0 , 128,255} ,
                                {255 , 0,128} ,
                                {128 , 64,64} ,
                                {0 , 0,0} } ;
```

程式下載網址：https://github.com/brucetsao/eHUE_Bulb_Pieceduino

如下圖所示，我們可以在開發工具中的序列埠監控視窗中，看到下列系統啟動的畫面，我們可以看到已經成功建立 TCP/IP 控制燈泡的伺服器。

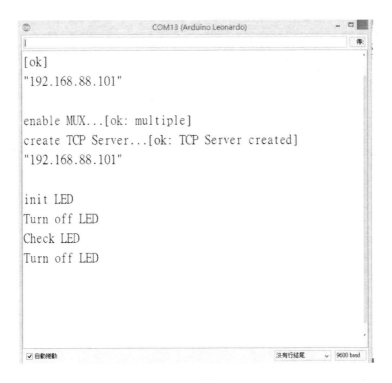

圖 120 TCP 伺服器啟動結果畫面

如下圖所示，我們使用手機的 TCP Socket 應用程式(下面會介紹如何安裝)，輸入控制碼『@255255000#』，我們可以在 Arduino 開發工具中的序列埠監控視窗中，看到下列畫面，我們可以看到已經成功接收到『@255255000#』命令，並已成功解譯為三原色之顏色代碼，並且已成功控制燈泡的顏色。

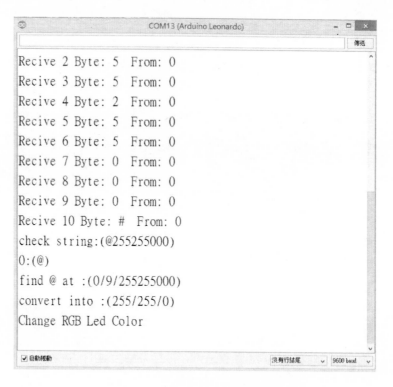

圖 121 透過 TCP 命令改變燈泡

如下圖所示，我們發現現實的 WS2812B RGB LED 燈泡已經成功改變顏色。

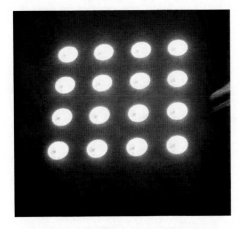

圖 122 接受 TCP 命令改變燈泡顏色

安裝手機端 TCP 通訊程式

目前階段筆者並不開發 TCP/IP 通訊應用軟體,由於開發這樣 TCP/IP 通訊軟體並不容易,且也不易在本章介紹,因為本章主要介紹通訊原理,我們先使用現成可用的 TCP/IP 通訊應用軟體,接下來我們會介紹完整的 Android 手機應用程式開發。

首先,我們使用 Android 手機進行測試,如下圖所示,我們進入 Google Play 商店,使用搜索功能,輸入『tcp socket』進行搜尋,如下圖所示之第二個紅框所示,選擇 TCP Socket 手機應用程式,進行安裝。

圖 123 GooglePlay 商店畫面

　　如下圖所示，安裝好 TCP Socket 手機應用程式之後，可以在手機桌面可以看到該應用軟體。

圖 124 安裝好程式畫面

如下圖所示，我們執行 TCP Socket 手機應用程式，進入執行畫面。

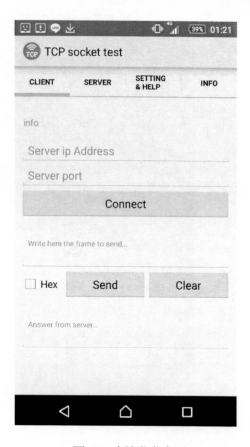

圖 125 系統啟動畫面

我們先行輸入連接的位址(IP Address)與通訊埠(Port)，其資料可以參考圖 120 之位址資訊，本文為 192.168.88.101，通訊埠可以在表 17 之程式中，可以看到：wifi.createTCPServer(8080);，我們可以看到使用 8080 通訊埠。

如下圖所示，我們使用輸入 IP: 192.168.88.101，Port:8080 的資訊系統之中。

圖 126 輸入 IP 與通訊埠

　　如下圖所示，我們輸入下圖所示之第一個紅框，輸入伺服器網址與通訊埠:8080，再按下『Connect』進行伺服器連接，下一個我們輸入下圖所示之第二個紅框，輸入控制代碼『@255255000#』，再按下『Send』傳輸控制命令，我們發現可以成功控制如所示下圖所示之燈泡顯示。

圖 127 傳輸控制命令

　　如下圖所示，我們使用手機的 TCP Socket 應用程式，輸入控制碼『@255255000#』，我們可以在 Arduino 開發工具中的序列埠監控視窗中，看到下列畫面，我們可以看到已經成功接收到『@255255000#』命令，並已成功解譯為三原色之顏色代碼，並且已成功控制燈泡的顏色。

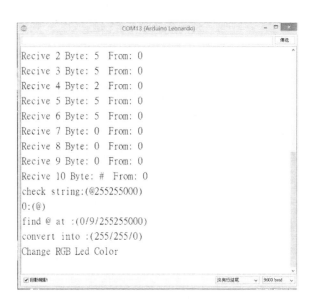

圖 128 透過 TCP 命令改變燈泡

如下圖所示，我們發現 WS2812B RGB LED 燈泡已經成功改變顏色。

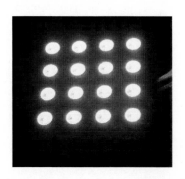

圖 129 接受 TCP 命令改變燈泡顏色

章節小結

本章主要介紹本書專案主題之 Pieceduino 開發板控制 WS2812B 全彩燈泡模組，透過 TCP/IP 傳輸 RGB 三原色代碼，來控制 WS2812B 全彩燈泡模組三原色混色，產生想要的顏色，透過本章節的解說，相信讀者會對 TCP/IP 連接、傳輸、使用 WS2812B 全彩燈泡模組，並透過 TCP/IP 傳輸 RGB 三原色代碼，來控制 WS2812B 全彩燈泡模組三原色混色，產生想要的顏色，有更深入的了解與體認。

CHAPTER

氣氛燈泡外殼組裝

　　本章節主要介紹，我們將整個電路濃縮在燈泡之內，將之組立在 LED 家用燈泡軀殼之內，成為一個完整可用的氣氛燈泡，為本章的重點。

LED 燈泡外殼

　　如下圖所示，我們可以看到市售常見的 LED 燈泡，我們要將整個氣氛燈泡的電路，裝載在燈泡內部，並且透過市電 110V 或 220V 的交流電，供電給整個氣氛燈泡的電力。

圖 130 市售 LED 燈泡

　　如下圖所示，我們可以看到市售常見的 LED 燈泡，將燈泡插在一般的 E27 燈座[2]上，並插在市電 110V 或 220V 的交流電插座上，便可以供電給整個氣氛燈泡足

---

[2] E27 燈頭：螺旋式燈座代號，字母 E 表示愛迪生螺紋的螺旋燈座，「E」后的數字錶示燈座螺紋外徑的整數值..螺旋燈座與燈頭配合的螺紋，應符合 GB1005-67《燈頭和燈座用螺紋》的規定。　常

夠的電力。

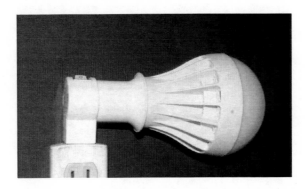

圖 131 LED 燈泡與燈座

E27 金屬燈座殼

為了透過市電 110V 或 220V 的交流電的插座，我們必須要有上圖所示之 E27

燈座，為了這個 E27 燈座，如下圖所示，我們準備 E27 金屬燈座殼零件。

圖 132 E27 金屬燈座零件

用的燈泡螺紋代號就是 E27，燈頭大徑 26.15~26.45，燈頭小徑 23.96~24.26.燈口大徑 26.55~26.85，
燈口小徑 24.36~24.66 (http://www.twwiki.com/wiki/E27%E7%87%88%E9%A0%AD)

如下圖所示，我們將 E27 金屬燈座殼進行組立。

圖 133 E27 金屬燈座零件

接出 E27 金屬燈座殼電力線

為了透過市電 110V 或 220V 的交流電的插座，我們必須要有上圖所示之 E27 燈座，而這個 E27 燈座必須連接到電路，如下圖所示，我們必須將 E27 金屬燈座殼零件連接上兩條 AC 交流的電線，讓市電 110V 或 220V 的交流電的插座的電力可以傳送到變壓器。

圖 134 接出 E27 金屬燈座殼電力線

準備 AC 交流轉 DC 直流變壓器

為了將市電 110V 或 220V 的交流電轉換成電路所需要的 DC 5V 的直流電，如下圖所示，我們準備 AC 交流轉 DC 直流變壓器。

圖 135 變壓器電源模組

如下圖所示，我們可以見到變壓器電源模組的接腳電路圖。

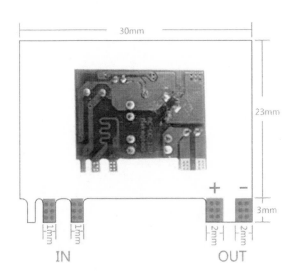

圖 136 變壓器電源模組的接腳電路圖

連接 AC 交流轉 DC 直流變壓器

如下圖所示，我們連接 AC 交流轉 DC 直流變壓器接到 E27 金屬燈座殼電力線，完成 AC 交流轉 DC 直流變壓器之 AC 交流輸入端。

圖 137 連接 AC 交流轉 DC 直流變壓器

連接 DC 輸出

如下圖所示，我們連接 AC 交流轉 DC 直流變壓器之 DC 輸出到兩條公頭的杜邦線上。

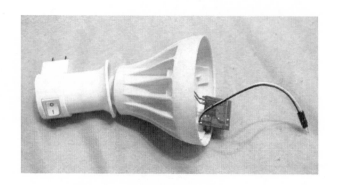

圖 138 連接 DC 輸出

放入 AC 交流轉 DC 直流變壓器於燈泡內

如下圖所示，我們連接 AC 交流轉 DC 直流變壓器放入 AC 交流轉 DC 直流變壓器於燈泡內。

圖 139 放入 AC 交流轉 DC 直流變壓器於燈泡內

如下圖所示，可見到變壓器電源裝入燈泡側視圖。

圖 140 變壓器電源裝入燈泡側視圖

準備 WS2812B 彩色燈泡模組

如下圖所示，準備 WS2812B 彩色燈泡模組。

圖 141 WS2812B 彩色燈泡模組

如下圖所示，我們可以看到 WS2812B 彩色燈泡模組的背面接腳。

圖 142 翻開 WS2812B 全彩燈泡模組背面

WS2812B 彩色燈泡模組電路連接

如下圖所示，我們看到 WS2812B 彩色燈泡模組的背面接腳中，我們看到下圖所示之右邊紅框處，可以看到電路輸入端：VCC 與 GND，另外為資料輸入端:IN(Data In)。

圖 143 找到 WS2812B 全彩燈泡模組背面需要焊接腳位

如下圖所示，我們使用三條一公一母的杜邦線，將公頭一端剪斷，連接到 WS2812B 彩色燈泡模組: 電路輸入端：VCC 與 GND，另外為資料輸入端:IN(Data In)，並將三條公頭一端的線露出如下圖所示。

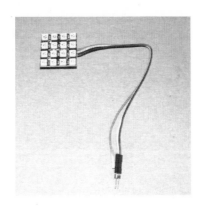

圖 144 焊接好之 WS2812B 全彩燈泡模組

讀者可以參考下圖所示之控制 WS2812B 全彩燈泡模組連接電路圖，進行電路組立。

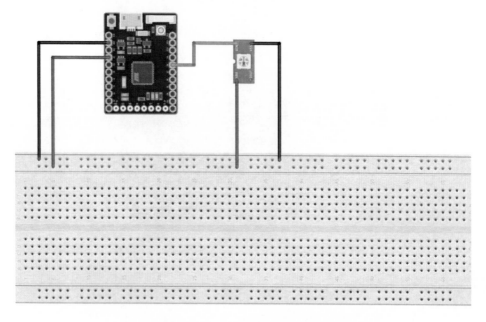

圖 145 控制 WS2812B 全彩燈泡模組連接電路圖

讀者也可以參考下表之 WS2812B 全彩燈泡模組接腳表，進行電路組立。

表 19 控制 WS2812B 全彩燈泡模組接腳表

接腳	接腳說明	開發板接腳
1	麵包板 Vcc(紅線)	接電源正極(5V)
2	麵包板 GND(藍線)	接電源負極
3	Data In(IN)	開發板 digitalPin 8(D8)

接腳	接腳說明	開發板接腳
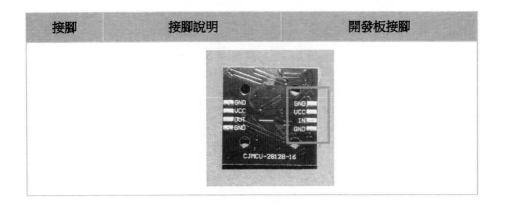		

Pieceduino 開發板置入燈泡

　　如下圖所示，我們將連接好電路的 Pieceduino 開發板，由於筆者不願意直接焊接在 Pieceduino 開發板上，所以使用一個洞洞板與母座，來連接 Pieceduino 開發板。放入燈泡內。

圖 146 連接好電路的 Pieceduino 開發板

　　如下圖所示，我們將連接好電路的 Pieceduino 開發板置入燈泡，必須在 AC 轉 DC 變壓器之上，切記，不可以靠太近，以免電路短路。

圖 147 Pieceduino 開發板置入燈泡

準備燈泡隔板

如下圖所示，為了可以固定 WS2812B 彩色燈泡模組，我們取出厚紙板當作隔板。

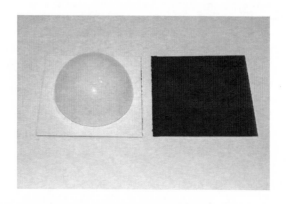

圖 148 準備燈泡隔板

裁減燈泡隔板

如下圖所示，我們將厚紙板隔板，根據燈殼上蓋與下殼大小，剪裁如圓形一般，大小剛剛好可以置入燈泡內。

圖 149 裁減燈泡隔板

WS2812B 彩色燈泡模組黏上隔板

如下圖所示，我們將 WS2812B 彩色燈泡模組至於厚紙板隔板正上方(以圓心為中心)，用熱熔膠將 WS2812B 彩色燈泡模組固定於厚紙板隔板正上方。

圖 150 WS2812B 彩色燈泡模組黏上隔板

WS2812B 彩色燈泡隔板放置燈泡上

如下圖所示，我們將裝置好 WS2812B 彩色燈泡模組的厚紙板隔板，放置燈泡下殼上方，請注意，大小要能塞入燈殼，並不影響上蓋卡入。

圖 151 WS2812B 彩色燈泡隔板放置燈泡上

蓋上燈泡上蓋

如下圖所示，我們將燈泡上蓋蓋上，請注意必須要卡住燈泡下殼之卡榫。

圖 152 蓋上燈泡上蓋

完成組立

如下圖所示，我們將氣氛燈泡完成組立。

圖 153 完成組立

燈泡放置燈座與插上電源

如下圖所示,我們將組立好的氣氛燈泡,旋入 E27 燈座之上,準備測試。

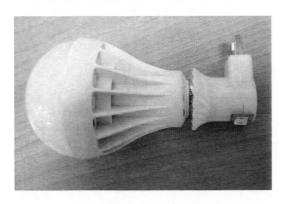

圖 154 燈泡放置燈座

插上電源

如下圖所示,我們將組立好的氣氛燈泡,旋入 E27 燈座之後,並將 E27 燈座插入 AC 市電插座之上，並將開關打開，準備測試。

。

圖 155 插上電源

軟體下載

如下圖所示，我們可以在筆者的 Github 網站(https://github.com/brucetsao)下，進入本書的原始碼區，網址是：https://github.com/brucetsao/eHUE_Bulb_Pieceduino，我們可以到網址：

https://github.com/brucetsao/eHUE_Bulb_Pieceduino/blob/master/Apps_Codes/Pieceduino_Control_WS2812B_Adv.apk，下載這個 APK 安裝程式。

圖 156 GITHUB 之 Pieceduino 控制氣氛燈安裝程式

讀　者　也　可　以　用　下　列　網　址　：
https://github.com/brucetsao/eHUE_Bulb_Pieceduino/blob/master/Apps_Codes/Piecedu
ino_Control_WS2812B_Adv.apk　，找到 GITHUB 之 Pieceduino 控制氣氛燈安裝程
式。

讀者也可以用 QrCode Scaner 掃描下列圖檔，找到 GITHUB 之 Pieceduino 控制
氣氛燈安裝程式。

圖 157 GITHUB 之 Pieceduino 控制氣氛燈安裝程式 QrCode

軟體安裝

我們下載好 GITHUB 之 Pieceduino 控制氣氛燈安裝程式到手內，如下圖所示，我們執行手機的安裝程式來安裝『Pieceduino 控制氣氛燈安裝程式』，本文為『檔案總管』。

圖 158 執行桌面檔案總管

如下圖所示，我們選擇『下載好 GITHUB 之 Pieceduino 控制氣氛燈安裝程式』之存放目錄，本文為 SD 卡。

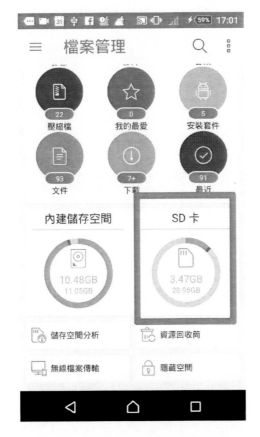

圖 159 選擇下載空間

　　進入 SD 卡後，如下圖所示，我們選擇『下載好 GITHUB 之 Pieceduino 控制氣氛燈安裝程式』之存放目錄，本文為『download』。

圖 160 選擇 download 目錄

進入 download 目錄後，如下圖所示，我們選擇
『Pieceduino_Control_WS2812B_Adv.apk』檔案，點選之後，開始安裝。

圖 161 點選下載檔案執行

如下圖所示，系統會詢問您是否安裝，我們只要點選如下圖所示之紅框區：安裝，進行安裝。

圖 162 點選安裝

　　由於 Android 作業下統權限管理，如下圖所示，系統會詢問一些安裝權限問題，基本上我們同意，開始安裝。

圖 163 進入安裝畫面

如下圖所示，我們可以見到開始安裝的畫面。

圖 164 開始安裝

如下圖所示，我們見到『已安裝的應用程式』的訊息，代表已經安裝成功。

圖 165 安裝完成

如下圖所示紅框區所示，我們可以點選『開啟』來執行我們安裝好的應用程式。

圖 166 開啟程式

設定網路執行環境

如下圖所示，我們安裝好『Pieceduino_Control_WS2812B_Adv.apk』之應用程式
之後，在執行前，我們必須先設定網路執行環境 。

圖 167 執行系統設定

如下圖所示，我們開啟 Android 作業系統的『系統設定』之應用程式，我們可以看到下列畫面 。

我們再點選如下圖所示之紅框區：『 Wi-FI 』選項，進入網路連線的 Access Point(熱點)的選擇 。

圖 168 選擇設定 Wifi

如下圖所示，我們選擇『PieceDuino-AP』之 Access Point(熱點)應用程式，連線到這個熱點。

圖 169 選擇燈泡 Access Point(熱點)

如下圖所示紅框處『連線』，連線到『PieceDuino-AP』之 Access Point(熱點)。

圖 170 網路連線到燈泡 AP

如下圖所示，我們如果看到『PieceDuino-AP』之 Access Point(熱點)以連線，代表我們已完成網路設定。

圖 171 完成連線到燈泡 AP

如下圖所示，完成『PieceDuino-AP』之 Access Point(熱點)連線之後，回上頁回到桌面。

圖 172 回到桌面

桌面執行軟體

如下圖所示，我們安裝好『Pieceduino_Control_WS2812B_Adv』之應用程式，我們可以在手機桌面找到下圖所示之 APPs 。

圖 173Wifi 控制氣氛燈

執行 Pieceduino 控制氣氛燈之應用程式

我們點選執行『Pieceduino 控制氣氛燈應用程式』之應用程式，由下圖所示，可以進到主畫面。

圖 174 Wifi 控制氣氛燈主畫面

由下圖所示，一開始，進入畫面之後，請點選如下圖所示之紅框處『網路連線』，進行網路連線。

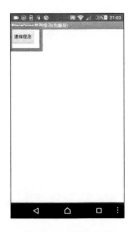

圖 175 連接網路

由下圖所示，完成網路伺服器連線之後，我們進到操控主畫面 。

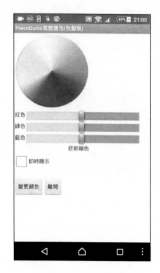

圖 176 控制主畫面

由下圖所示，我們可以在主畫面之中-勾選即時顯示之功能，可以即時顯示設定之顏色 。

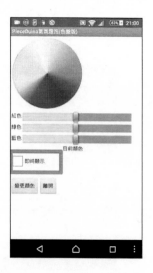

圖 177 控制主畫面-勾選即時顯示

由下圖所示，我們就可以透過點選色盤圖或 R：紅色、G：綠色、B：藍色之三原色 之控制 Bar 來控制燈泡顏色。

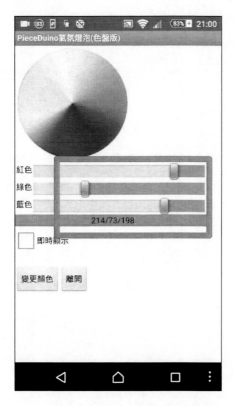

圖 178 控制主畫面-改變顏色

燈泡展示畫面

我們執行『PieceDuino 氣氛燈泡(色盤版)』之應用程式後，由下圖所示，我們可以看到燈泡的控制結果。

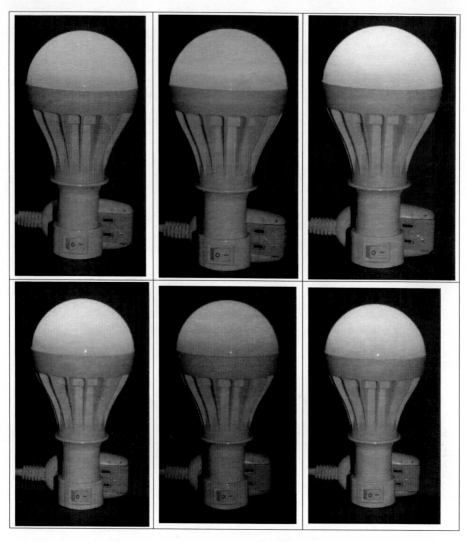

圖 179 燈泡展示畫面

章節小結

本章主要介紹之如何透過 LED 燈泡外殼，將整個電路裝入 LED 燈泡外殼，開發出如 LED 家用燈泡一樣的產品，並下載與安裝本書開發的：PieceDuino 氣氛燈泡(色盤版)應用程式，來進行氣氛燈泡硬體的測試。

10

CHAPTER

手機應用程式開發

　　上章節介紹，我們已經可以使用 Pieceduino 開發板整合 TCP/IP 傳輸，控制 WS2812B 全彩燈泡模組，並透過手機 TCPIP Socket 應用程式之鍵盤輸入功能，將 RGB(紅色、綠色、藍色)三個顏色的代碼輸入，透過解碼來還原 RGB(紅色、綠色、藍色)三個顏色值，進而透過 TCP/IP 傳輸，傳送控制指令來控制 WS2812B 全彩燈泡模組，進而控制顏色，如此已經充分驗證 Pieceduino 開發板控制 WS2812B 全彩燈泡模組可行性。

如何執行 AppInventor 程式

　　如下圖所示，我們使用 Chrome 瀏覽器，開啟瀏覽器後，到 Google Search(網址：https://www.google.com.tw/)，輸入『App Inventor 2』。

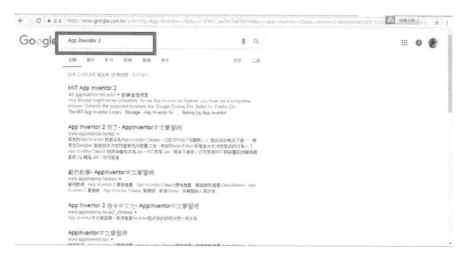

圖 180 搜尋 App_Inventor_2

如下圖紅框處所示，我們找到 App Inventor 2。

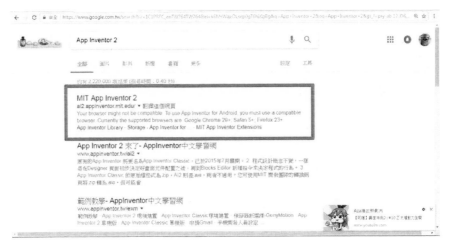

圖 181 找到 App Inventor 2

如下圖紅框處所示，我們點選 App Inventor 2，進入 App Inventor 2。

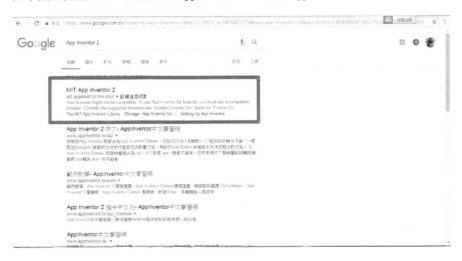

圖 182 點選 App Inventor 2

進入 App Inventor 2 之後，一般而言，如下圖所示，我們可以進入 App Inventor 2 專案目錄的功能之中。

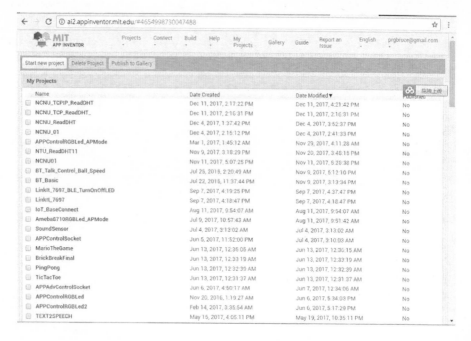

圖 183 App Inventor 2 專案目錄

開啟新專案

　　進入 App Inventor 2 開發環境中，第一個看到的是如下圖所示之專案保管箱的
目錄，我們可以如下圖所示，我們在 App Inventor 2 專案保管箱畫面之中，開立一
個新專案。

- 如下圖紅框處，我們點選『My projects』。
- 接下來，我們點選『Start new project』。

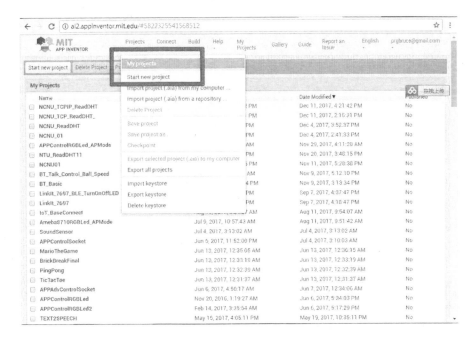

圖 184 建立新專案

如下圖所示，我們先將新專案命名為 Pieceduino_Control_WS2812B。

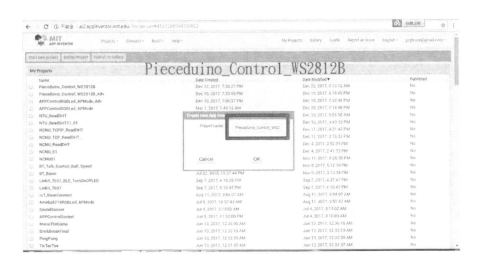

圖 185 命名新專案為 Pieceduino_Control_WS2812B

建立新專案之後，如下圖所示，我們可以進到新專案主畫面。

圖 186 新專案主畫面

系統設定

設定系統名稱

首先，如下圖所示，我們在先設定系統名稱為『Pieceduino_Control_WS2812B』。

圖 187 設定系統名稱

設定系統抬頭

首先，如下圖所示，我們在先設定系統的抬頭名稱為『PieceDuino 氣氛燈泡』。

圖 188 設定系統抬頭名稱

TCP/IP 擴充設定

安裝 TCPIP 擴充元件

首先，如下圖所示，我們必須要先安裝 TCP/IP 擴充元件。

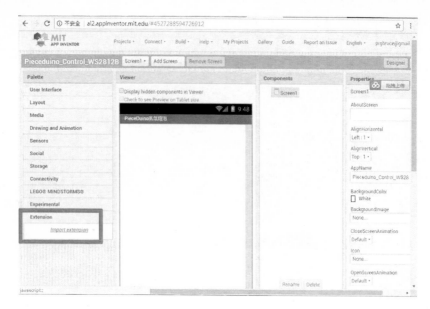

圖 189 選擇擴充元件項

　　如下圖所示，系統會出現匯入擴充元件視窗，這時候我們透過這個匯入擴充元件視窗來讀取擴充元件。

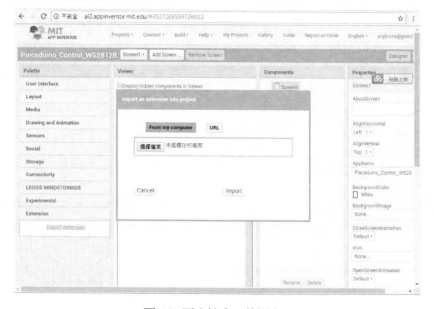

圖 190 匯入擴充元件視窗

如下圖所示，我們必須選擇要匯入擴充元件所存在的路徑。

圖 191 選擇元件目錄所在地

如下圖所示，我們選到 TCPIP 擴充元件的路徑後，請選擇
edu.mit.appinventor.PieceDuinoSocket.aix 的檔案，按下開啟來匯入 TCPIP 擴充元件。

如果尚未下載 edu.mit.appinventor.PieceDuinoSocket.aix 的檔案，請到網址：
https://github.com/brucetsao/eHUE_Bulb_Pieceduino/tree/master/Lib，先行下載 TCPIP 擴
充元件。

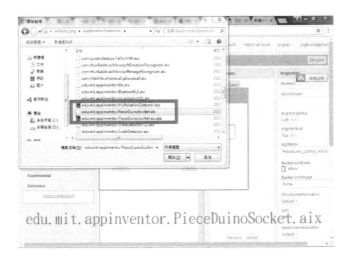

圖 192 選擇 TCPIP 擴充元件

如下圖所示，回到匯入擴充元件視窗後，請按下 Import 按鈕來匯入 TCPIP 擴充元件。

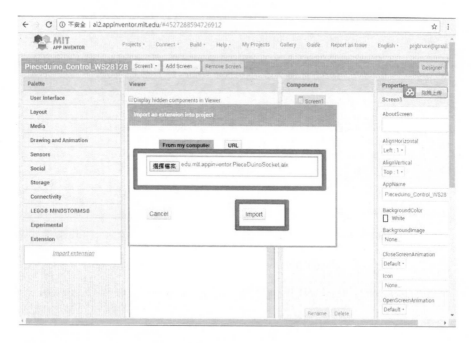

圖 193 選擇 TCPIP 擴充元件進行安裝

如下圖所示，如果成功匯入 TCPIP 擴充元件，我們在畫面上就可以看到 PieceDuinoSocket 的元件選項，此時代表我們成功匯入 TCPIP 擴充元件。

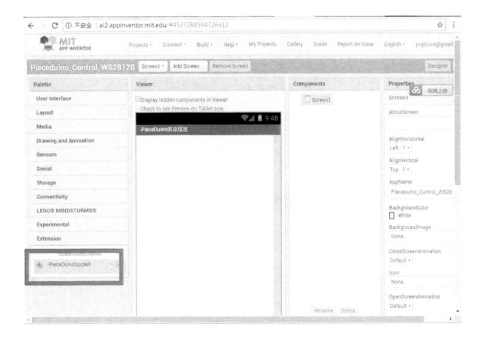

圖 194 安裝完成後可以見到擴充元件

使用 TCP/IP 元件

使用 TCPIP 元件

如下圖所示，我們拉出上面安裝好的 TCPIP 擴充元件，將之拉到畫面中就可以，拉完後可以在畫面下方出現 PieceDuinoSocket 的元件，因為 PieceDuinoSocket 的元件是不可視元件，所以該 PieceDuinoSocket 的元件不會出現在畫面上，會出現在畫面下方。

圖 195 安裝 PieceDuinoSocket 元件

如下圖所示,我們將拉出的 PieceDuinoSocket 元件,按下 Rename 按鈕來變更
拉出的 PieceDuinoSocket 元件名稱為『TCP_Socket』。

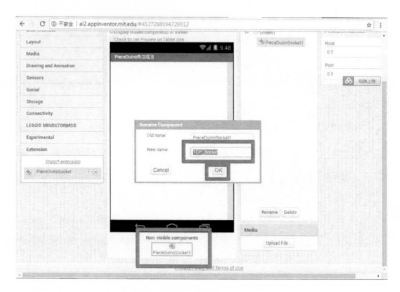

圖 196 修改 TCPIP 元件名稱

完成修改名稱後,如下圖所示,我們可以看到拉出的 PieceDuinoSocket 元件名

稱已改成『TCP_Socket』。

圖 197 完成修改 TCPIP 元件名稱

使用時鐘元件

使用時鐘元件

如下圖所示，我們拉出時間元件。

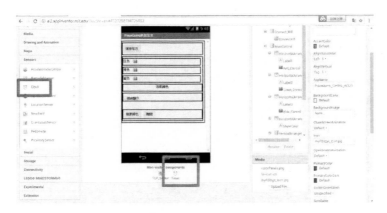

圖 198 安裝時間元件

如下圖所示，我們設定拉出時間元件之屬性。

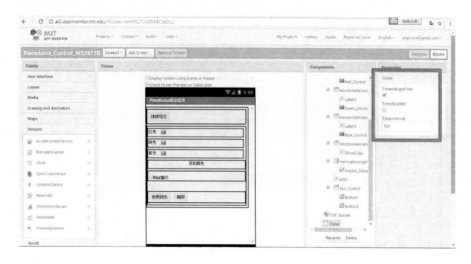

圖 199 設定時間元件屬性

主介面開發

接下來我們要進入主畫面設計的步驟。

主介面設計

如下圖所示，我們增加拉出的 VerticalArrangement 元件來做為畫面規劃的依據。

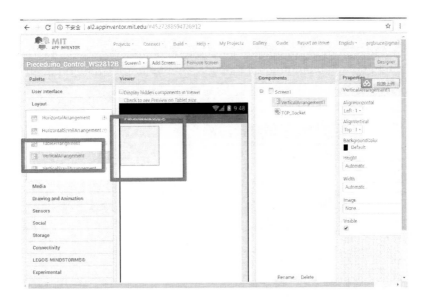

圖 200 拉出的 VerticalArrangement

　　如下圖所示，我們將拉出的 VerticalArrangement 元件的寬度進行設定，將其拉出的 VerticalArrangement 元件的寬度設為 98%。

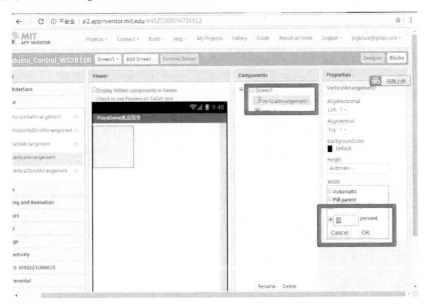

圖 201 設定 98 百分比寬度

設定完成後，如下圖所示，我們完成設定 98 百分比寬度。

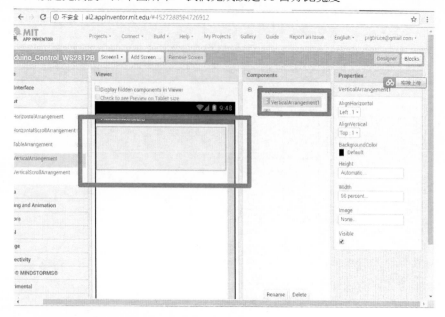

圖 202 完成設定 98 百分比寬度

如下圖所示，我們拉出兩個子 VerticalArrangement 元件。

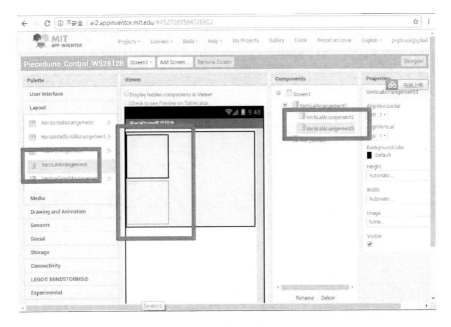

圖 203 拉出兩個子 VerticalArrangement

　　如下圖所示，我們第一個拉出的 VerticalArrangement 元件，按下 Rename 按鈕來變更拉出的 VerticalArrangement 元件名稱為『Connect_Wifi』。

圖 204 改變第一個 VerticalArrangement 名稱

　　如下圖所示，我們完成第一個拉出的 VerticalArrangement 元件的名稱變更為

『Connect_Wifi』。

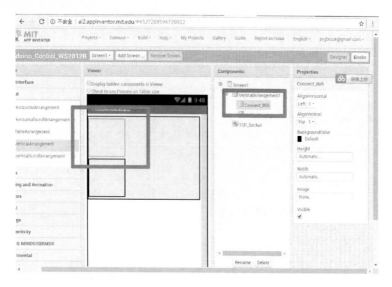

圖 205 完成改變第一個 VerticalArrangement 名稱

如下圖所示，我們將拉出的第一個 VerticalArrangement 元件的寬度進行設定，將其拉出的 VerticalArrangement 元件的寬度設為 95%。

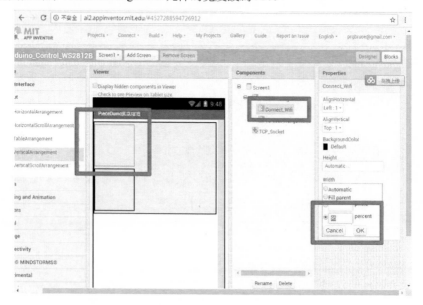

圖 206 改變第一個 VerticalArrangement 寬度

如下圖所示，我們完成第一個 VerticalArrangement 元件的寬度設定。

圖 207 完成改變第一個 VerticalArrangement 寬度

如下圖所示，我們第二個拉出的 VerticalArrangement 元件，按下 Rename 按鈕來變更拉出的 VerticalArrangement 元件名稱為『Main_Control』。

圖 208 改變第二個 VerticalArrangement 名稱

如下圖所示，我們完成第二個拉出的 VerticalArrangement 元件的名稱變更文為

『Main_Control』。

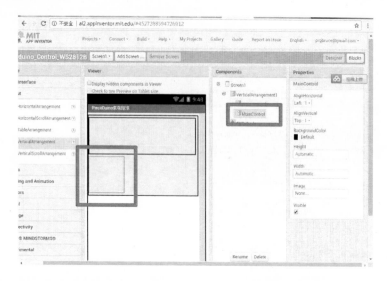

圖 209 完成改變第二個 VerticalArrangement 名稱

如下圖所示，我們將拉出的第二個 VerticalArrangement 元件的寬度進行設定，
將其拉出的 VerticalArrangement 元件的寬度設為 95%。

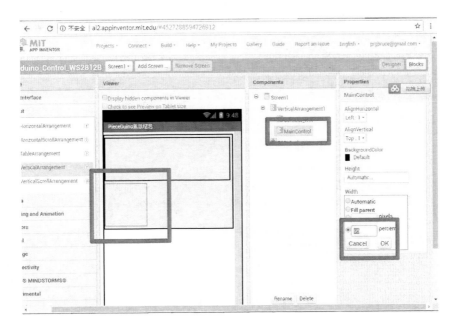

圖 210 改變第二個 VerticalArrangement 寬度

如下圖所示，我們完成第二個 VerticalArrangement 元件的寬度設定。

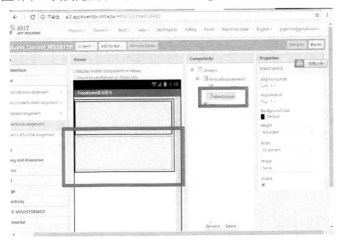

圖 211 完成改變第二個 VerticalArrangement 寬度

到此我們已經完成畫面的規劃(Screen LayOut)。

開發網路連接功能

網路連接介面設計

如下圖所示，我們拉出 Button 元件，來當為連線的控制。

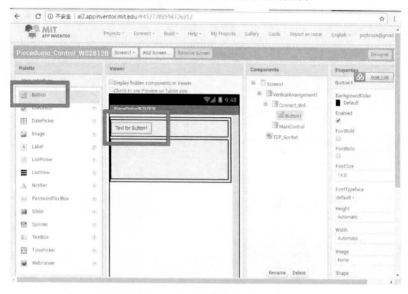

圖 212 拉出 Button 元件

如下圖所示，我們將拉出的 Button 元件，按下『Rename 按鈕』來變更拉出的
Button 元件名稱為『ConnectWifi』。

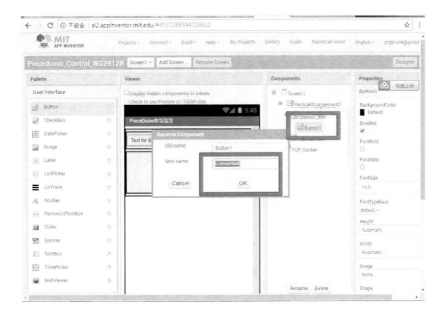

圖 213 變更 Button 元件名稱

如下圖所示，我們將拉出的 Button 元件的 Text 屬性，變更為『網路連線』。

圖 214 變更 Button 元件 Text 內容

開發變更顏色功能

Slide Bar 介面設計

如下圖所示，我們拉出三個子 HorizontalArrangement 元件，來當作 Slide Bar 的控制元件存放之處。

圖 215 拉出三個子 HorizontalArrangement 元件

如下圖所示，我們將拉出第一個 HorizontalArrangement 元件寬度，將其寬度設為『92%』的寬度。

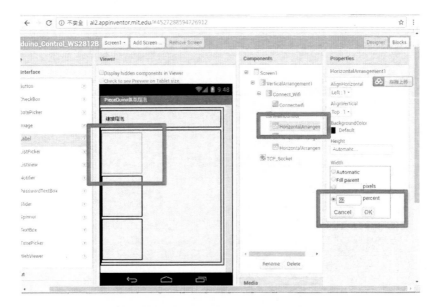

圖 216 設定第一個子 HorizontalArrangement 元件寬度

如下圖所示,我們完成第一個 HorizontalArrangement 元件寬度的設定。

圖 217 完成設定第一個子 HorizontalArrangement 元件寬度

如下圖所示，我們將拉出第二個 HorizontalArrangement 元件寬度，將其寬度設為『92%』的寬度。

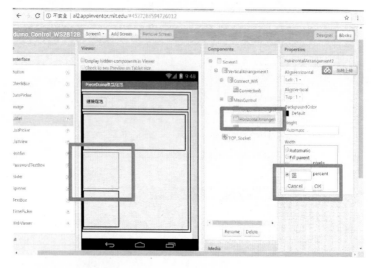

圖 218 設定第二個子 HorizontalArrangement 元件寬度

如下圖所示，我們完成第一個 HorizontalArrangement 元件寬度的設定。

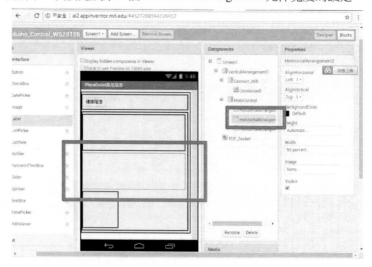

圖 219 完成設定第二個子 HorizontalArrangement 元件寬度

如下圖所示，我們將拉出第三個 HorizontalArrangement 元件寬度，將其寬度設為『92%』的寬度。

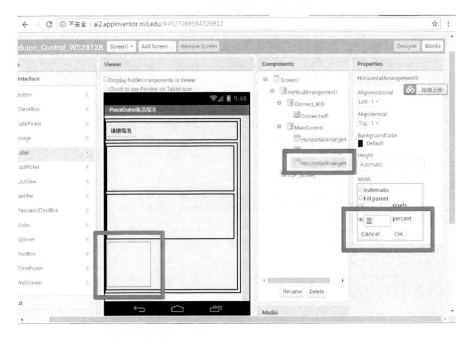

圖 220 設定第三個子 HorizontalArrangement 元件寬度

　　如下圖所示，我們完成第三個 HorizontalArrangement 元件寬度的設定。

圖 221 完成設定第三個子 HorizontalArrangement 元件寬度

如下圖所示,我們將三個子 HorizontalArrangement 元件內,各拉出一個 Label
元件。

圖 222 將三個子 HorizontalArrangement 拉出 Label 元件

如下圖所示，我們變更第一個 Label 元件之 Text 屬性，改變其顯示的文字為
『紅色』。

圖 223 變更第一個 Label 元件之 Text 屬性

如下圖所示，我們變更第二個 Label 元件之 Text 屬性，改變其顯示的文字為『綠
色』。

圖 224 變更第二個 Label 元件之 Text 屬性

如下圖所示，我們變更第三個 Label 元件之 Text 屬性，改變其顯示的文字為『藍色』。

圖 225 變更第三個 Label 元件之 Text 屬性

如下圖所示，我們將三個子 HorizontalArrangement 元件內，在每一個 Label 元件後，各拉出一個 Slide 元件。

圖 226 將三個子 HorizontalArrangement 拉出 Slide 元件

如下圖所示，我們變更第一個 Slide 元件名稱，改變其名稱為『Red_Control』。

圖 227 變更第一個 Slide 元件名稱

如下圖所示，我們完成變更第一個 Slide 元件名稱為『Red_Control』。

圖 228 完成變更第一個 Slide 元件名稱

如下圖所示，我們變更第一個 Slide 元件 MinValue 數值，改變其內容為『0』。

圖 229 變更第一個 Slide 元件 MinValue 數值

如下圖所示，我們變更第一個 Slide 元件 MaxValue 數值，改變其內容為『255』。

圖 230 變更第一個 Slide 元件 MaxValue 數值

如下圖所示，我們將拉出的第一個 Slide 元件寬度到最大。

圖 231 變更第一個 Slide 元件寬度到最大

如下圖所示，我們變更第二個 Slide 元件名稱，改變其名稱為『Green_Control』。

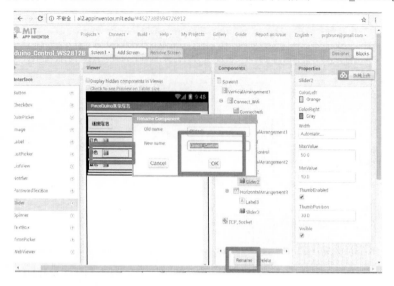

圖 232 變更第二個 Slide 元件名稱

如下圖所示，我們完成變更第二個 Slide 元件名稱為『Green_Control』。

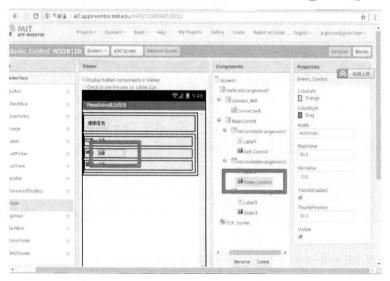

圖 233 完成變更第二個 Slide 元件名稱

如下圖所示，我們變更第二個 Slide 元件 MinValue 數值，改變其內容為『0』。

圖 234 變更第二個 Slide 元件 MinValue 數值

如下圖所示,我們變更第二個 Slide 元件 MaxValue 數值,改變其內容為『255』。

圖 235 變更第二個 Slide 元件 MaxValue 數值

如下圖所示，我們將拉出的第二個 Slide 元件寬度到最大。。

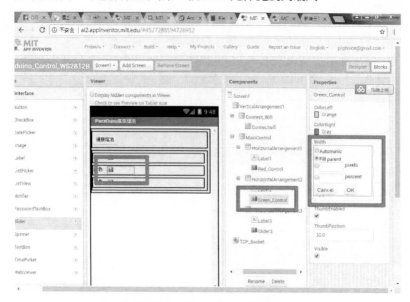

圖 236 變更第二個 Slide 元件寬度到最大

如下圖所示，我們變更第三個 Slide 元件名稱，改變其名稱為『Blue_Control』。

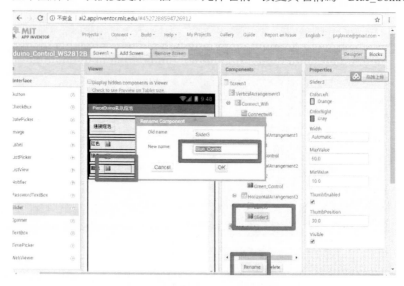

圖 237 變更第三個 Slide 元件名稱

如下圖所示，我們完成變更第三個 Slide 元件名稱為『Blue _Control』。

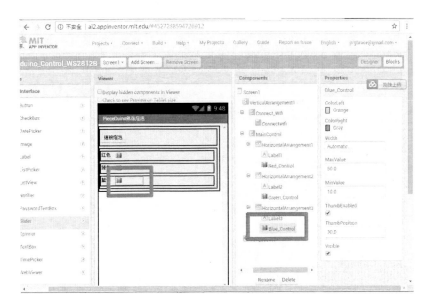

圖 238 完成變更第三個 Slide 元件名稱

如下圖所示，我們變更第三個 Slide 元件 MinValue 數值，改變其內容為『0』。

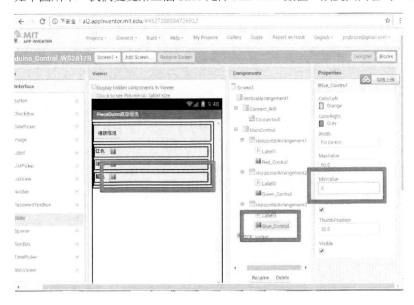

圖 239 變更第三個 Slide 元件 MinValue 數值

如下圖所示，我們變更第三個 Slide 元件 MaxValue 數值，改變其內容為『255』。

圖 240 變更第三個 Slide 元件 MaxValue 數值

如下圖所示，我們將拉出的第三個 Slide 元件寬度到最大。

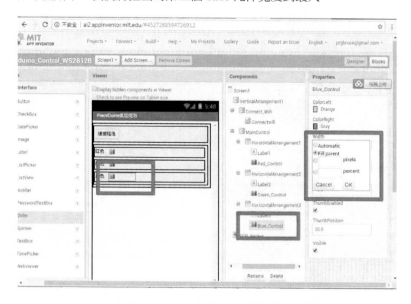

圖 241 變更第三個 Slide 元件寬度到最大

到此我們已完成使用者運用 Slide 元件來設定燈泡的 R、G、B 三原色控制元件。

開發預覽顏色功能

預覽顏色介面設計

如下圖所示，我們拉出 HorizontalArrangement 元件。

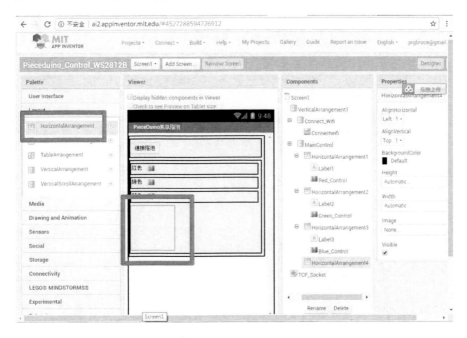

圖 242 拉出 HorizontalArrangement 元件

如下圖所示，我們將拉出 HorizontalArrangement 元件寬度設到最大。

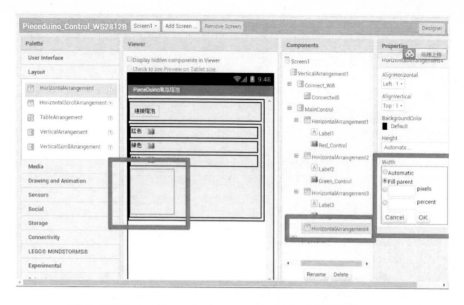

圖 243 將拉出 HorizontalArrangement 元件寬度設到最大

如下圖所示，我們在拉出 HorizontalArrangement 元件內，拉出 Label 物件。

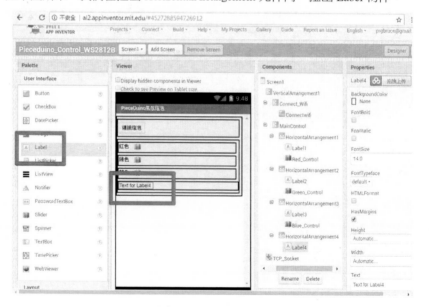

圖 244 拉出 Label 物件

如下圖所示，我們變更 Label 物件名稱為『ShowColor』。

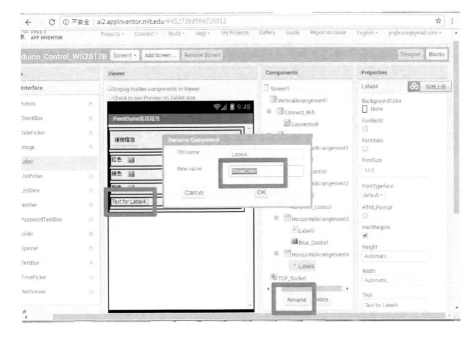

圖 245 變更 Label 元件名稱

如下圖所示，我們修改 Label 元件寬度，使其拉出 Label 元件寬度到最大。

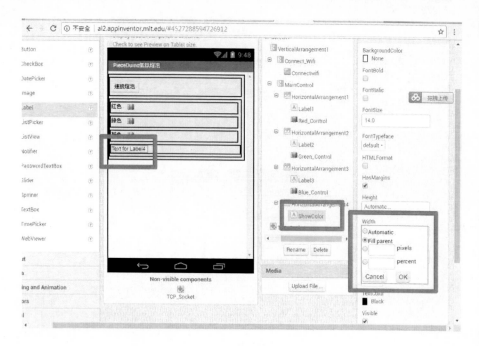

圖 246 設定 Label 物件寬度到最大

如下圖所示，我們修改其拉出 Label 元件之 Height 屬性(高度)內容為『20』Pixels。

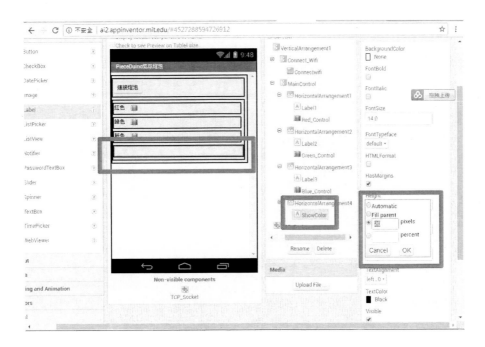

圖 247 設定 Label 物件之 Height 屬性

如下圖所示，我們修改其拉出 Label 元件之 Text 屬性內容文字為『目前顏色』。

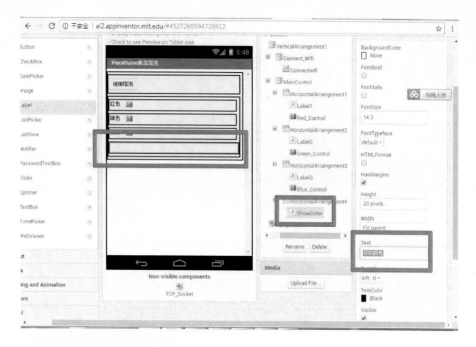

圖 248 設定 Label 物件 Text 屬性為目前顏色

到此我們已完成開發預覽顏色的功能設計。

開發及時預覽顏色功能

及時預覽設定設計

如下圖所示，我們拉出 HorizontalArrangement 元件。

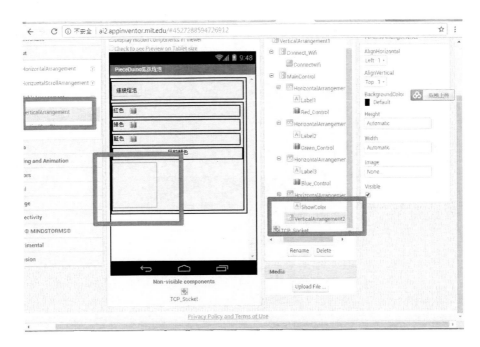

圖 249 拉出的 VerticalArrangement

如下圖所示，我們將拉出 HorizontalArrangement 元件寬度設到最大。

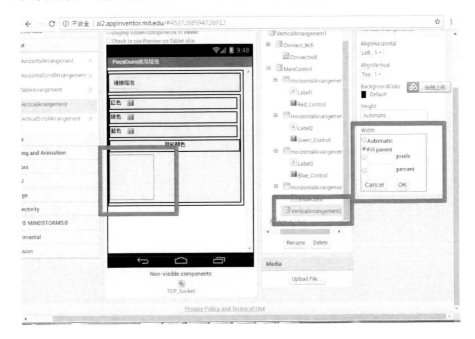

圖 250 設定 VerticalArrangement 寬度到最大

如下圖所示，我們在拉出 HorizontalArrangement 元件內，拉出 CheckBox 元件。

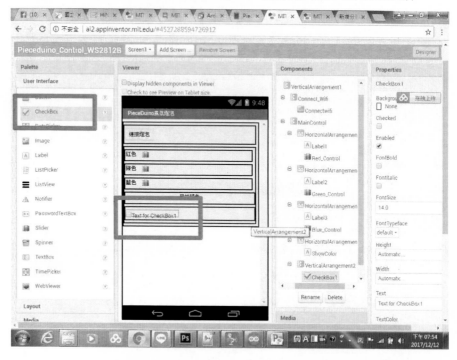

圖 251 拉出 CheckBox 元件

如下圖所示，我們變更 CheckBox 元件名稱為『Instant_Show_Color』。

圖 252 變更 CheckBox 元件名稱

　　如下圖所示，我們變更 CheckBox 元件之 Text 屬性內容文字，改變其顯示的文字為『即時顯示』。

圖 253 設定 CheckBox 元件 Text 屬性

如下圖所示，我們完成設定 CheckBox 元件 Text 屬性。

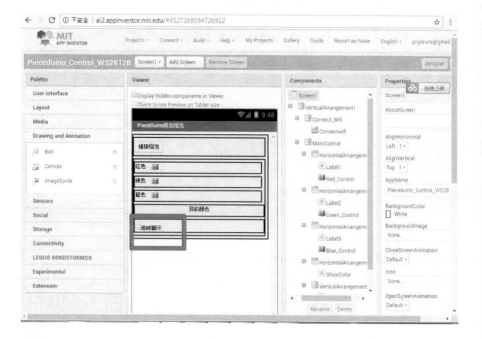

圖 254 完成設定 CheckBox 元件 Text 屬性

到此我們已完成開發及時預覽顏色功能。

開發顯示 Debug 訊息

Debug 訊息設計

如下圖所示，我們拉出 Label 元件。

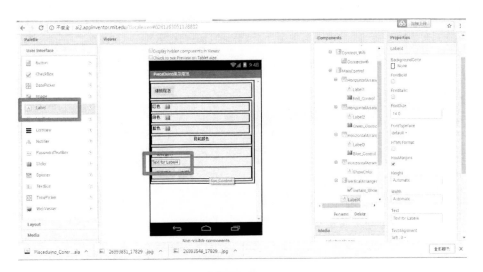

圖 255 拉出 Label 元件

如下圖所示，我們將拉出 Label 元件變更名稱為『MSG』。

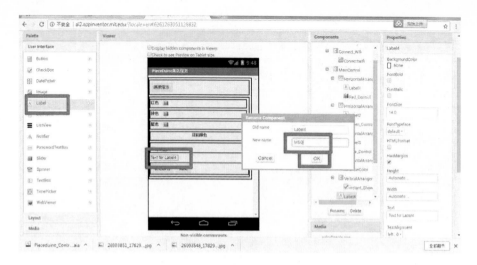

圖 256 變更 Label 元件名稱

　　如下圖所示，我們將拉出 Label 元件變更寬度設到最大。

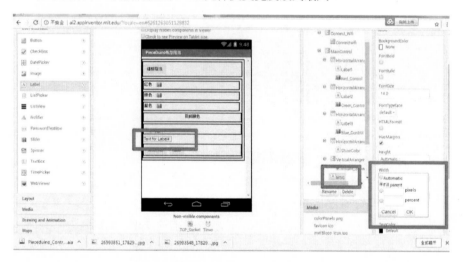

圖 257 變更 Label 元件寬度設到最大

　　如下圖所示，我們將拉出 Label 元件變更高度設為『20』。

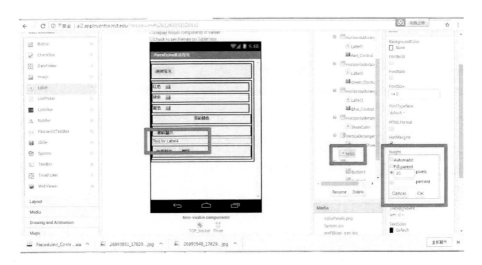

圖 258 變更 Label 元件高度

如下圖所示，我們變更 Label 元件 Text 屬性為空白。

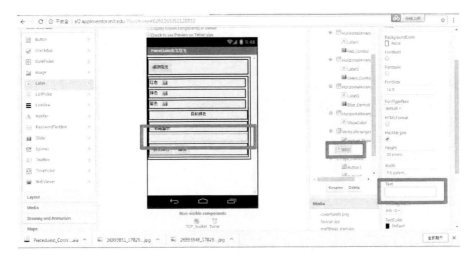

圖 259 變更 Label 元件 Text 屬性為空白

色盤控制介面開發

如下圖所示，我們在 Main_Control 之 VerticalArrangement 元件內，拉出 Canvas
物件，使其置於 Main_Control 之 VerticalArrangement 元件內最上方之處。

圖 260 拉出 Canvas 物件

如下圖所示，我們點選拉出 Canvas 物件，選擇下方『Upload File…』的按鈕。

圖 261 上傳圖片資源檔

如下圖所示，此時會出現『上傳圖片資源檔對話窗』的視窗。

圖 262 上傳圖片資源檔對話窗

如下圖所示，我們在拉出第一個 Button。

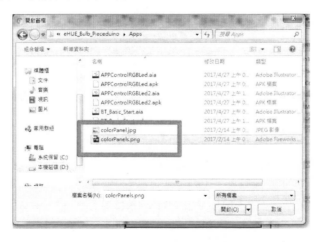

圖 263 選擇要上傳圖片資源檔

如下圖所示，我們變更 Button 之 Text 屬性為『改變燈的顏色』。

圖 264 準備上傳圖片資源

如下圖所示，我們在拉出第二個 Button。

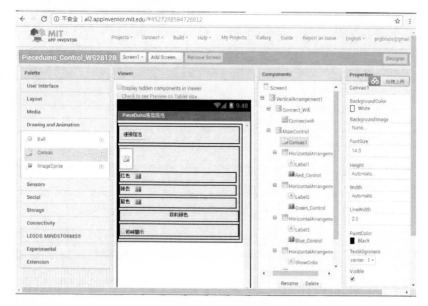

圖 265 完成上傳圖片資源檔

如下圖所示，我們變更 Button 之 Text 屬性為『離開系統』。

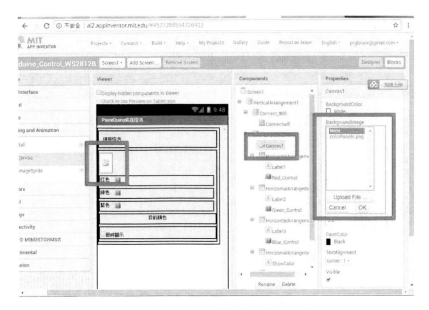

圖 266 選擇要顯示的圖片資源

如下圖所示，我們變更 Button 之 Text 屬性為『離開系統』。

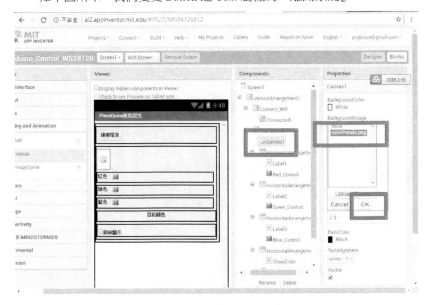

圖 267 選擇剛才上傳圖片資源

如下圖所示，我們變更 Button 之 Text 屬性為『離開系統』。

圖 268 完成選擇圖片動作

系統控制介面開發

首先，如下圖所示，我們拉出 HorizontalArrangement 元件。

圖 269 拉出 HorizontalArrangement 元件

如下圖所示，我們變更 HorizontalArrangement 元件之名稱為『Sys_Control』。

圖 270 變更 HorizontalArrangement 元件名稱

如下圖所示，我們變更 HorizontalArrangement 元件寬度到最大。

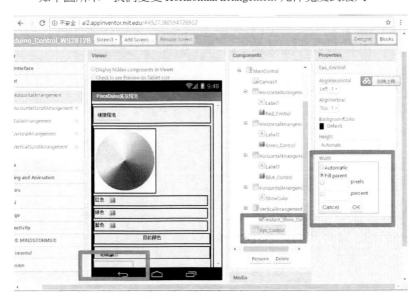

圖 271 變更 HorizontalArrangement 元件寬度到最大

如下圖所示，我們在拉出之 HorizontalArrangement 元件內拉出兩個 Button 元件。

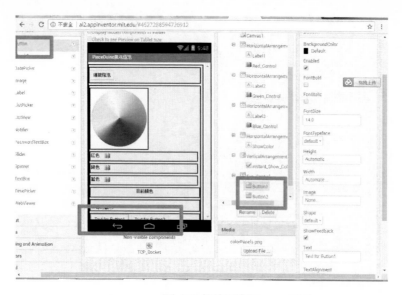

圖 272 拉出兩個 Button 元件

如下圖所示，我們將拉出兩個 Button 元件之第一個 Button 元件 Text 屬性設定

為『變更顏色』。

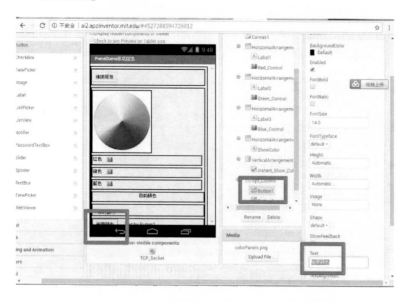

圖 273 變更第一個 Button 元件 Text 屬性

如下圖所示，我們將拉出兩個 Button 元件之第二個 Button 元件 Text 屬性設定

為『離開』。

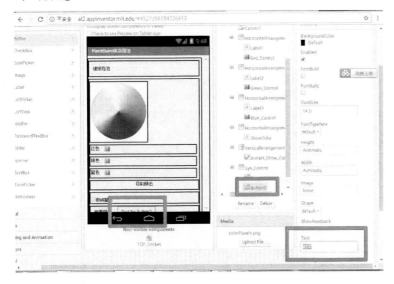

圖 274 變更第二個 Button 元件 Text 屬性

如下圖所示，我們先行將專案儲存。

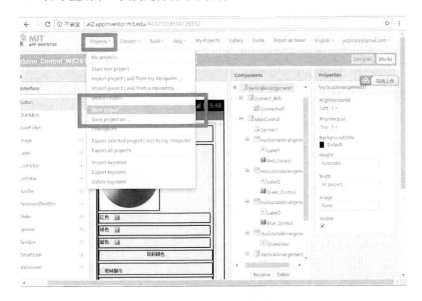

圖 275 將專案存檔

控制程式開發-初始化

切換程式設計視窗

如下圖所示，我們為了編修程式，請點選如下圖所示之紅框區『Blocks』按紐。

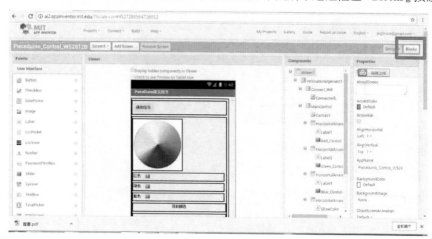

圖 276 切換程式設計模式

如下圖所示，下圖所示之紅框區為 App Inventor 2 的程式編輯區。

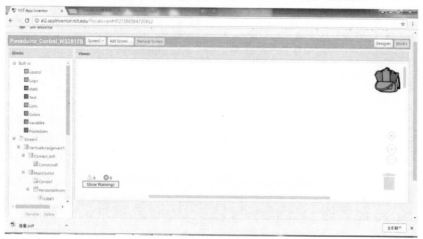

圖 277 程式設計模式主畫面

控制程式開發-建立變數

如下圖所示，我們在 App Inventor 2 的程式編輯區，我們先行建立變數。

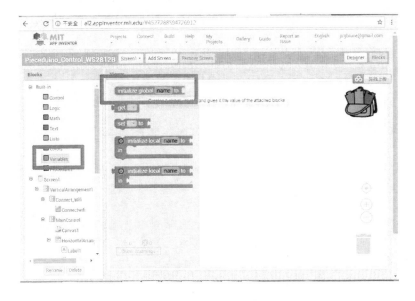

圖 278 建立變數

如下圖所示，建立建立 ***TCPChar 變數***。

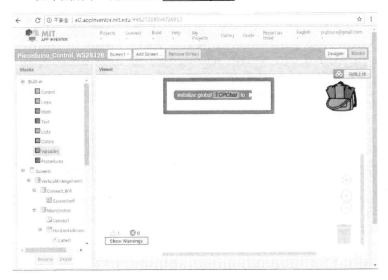

圖 279 將建立 TCPChar 變數

如下圖所示，我們將 TCPChar 變數內容***設為空字串***。

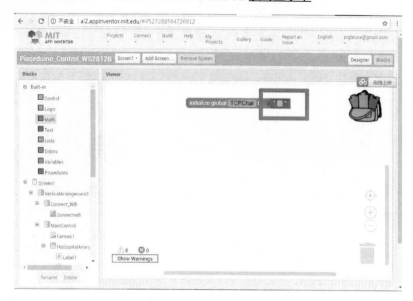

圖 280 填入 TCPChar 變數內容設為空字串

如下圖所示，我們建立 R_Value 變數，並將其***預設值設為零***。

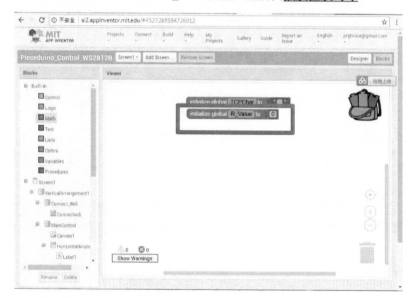

圖 281 建立 R_Value 變數內容

如下圖所示，我們建立 G_Value 變數，並將其***預設值設為零***。

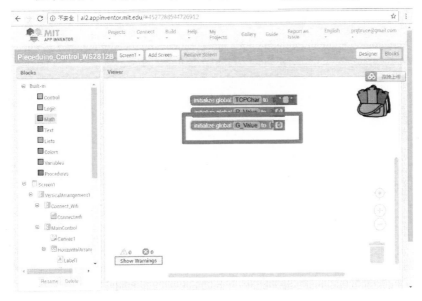

圖 282 建立 G_Value 變數內容

如下圖所示，我們建立 B_Value 變數，並將其***預設值設為零***。

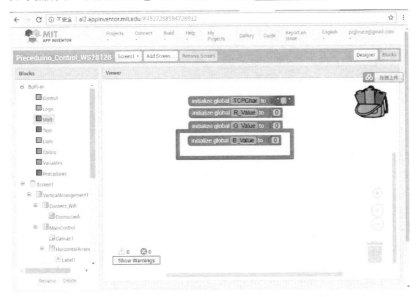

圖 283 建立 B_Value 變數內容

如下圖所示，我們建立 DataChanged 變數，並將其***預設值設為 false***。

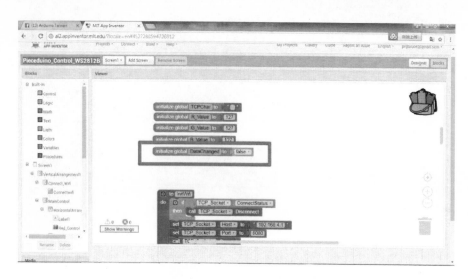

圖 284 建立 DataChanged 變數

以上我們完成系統變數的設定。

建立顏色變數

如下圖所示，我們在 App Inventor 2 的程式編輯區，建立變數。

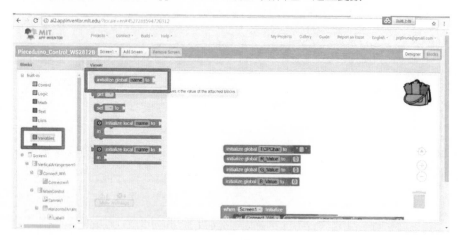

圖 285 建立變數

如下圖所示，我們將其建立的變數**變更名稱為 *LEDColor***。

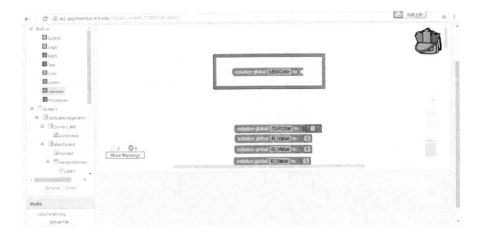

圖 286 將 LedColor 變數變更名稱

如下圖所示，拉出 ***List 元件。***

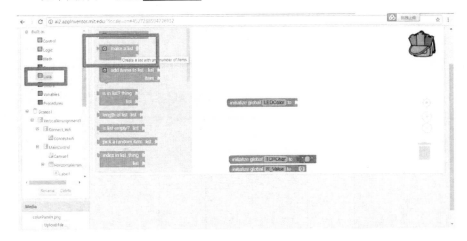

圖 287 拉出 List 元件

如下圖所示，我們將拉出 List 元件，設為上面 LEDColor 變數值內容，並將其
List 元件***建立四個元素***。

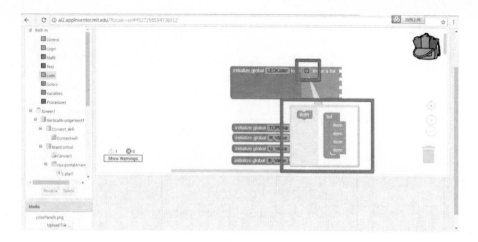

圖 288 建立四個元素的 List 元件

如下圖所示，我們將其 List 元件建立***四個元素均設為零***。。

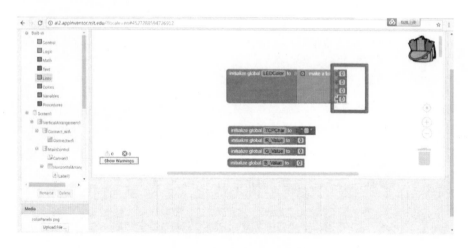

圖 289 設定 List 元件建立四個元素均設為零

如下圖所示，我們完成建立 LedColor 變數，並給予***啟始內容值***。

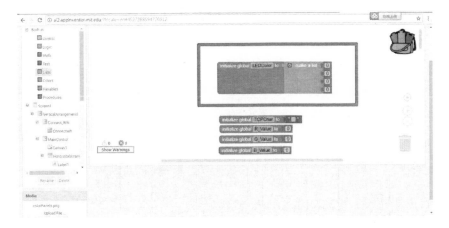

圖 290 完成 LedColor 變數

上面我們完成燈泡控制顏色的變數設定。

控制程式開發-系統初始化

Screent 系統初始化

如下圖所示，我們建立系統初始化。

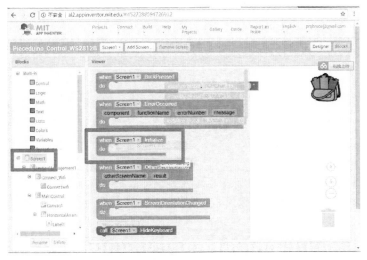

圖 291 拉出系統初始化程序

如下圖所示，我們建立*系統初始化程序:Screen1.initialize*。

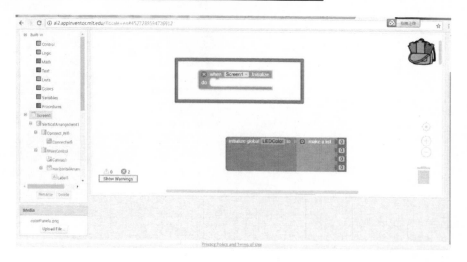

圖 292 建立系統初始化程序

如下圖所示，我們在建立系統初始化程序:Screen1.initialize 函數內，填入下列
程式碼，就是一開始就*開啟連接網路介面*。

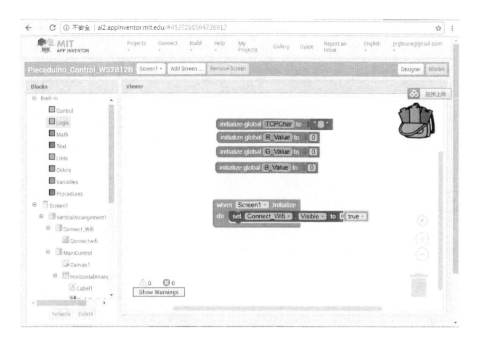

圖 293 開啟連接網路介面

如下圖所示，我們在建立系統初始化程序:Screen1.initialize 函數內，填入下列

程式碼，就是一開始就***關閉主控畫面介面***。

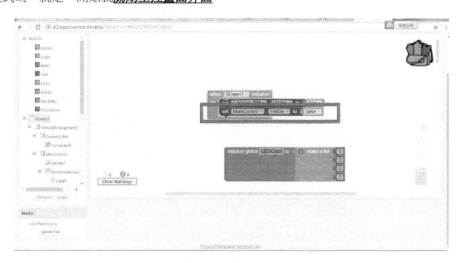

圖 294 關閉主控畫面介面

控制程式開發-建立網路控制

建立 InitWifi 函數

如下圖所示，我們建立使用者函數。

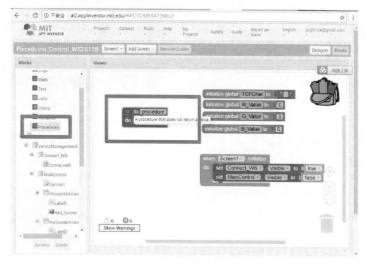

圖 295 建立使用者函數

如下圖所示，我們建立 *initWifi 函數*。

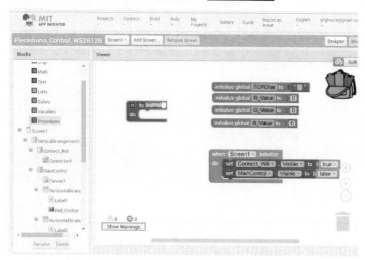

圖 296 變更使用者函數名稱為 InitWifi

如下圖所示，我們在 initWifi 函數內拉出 *If 判斷式*。

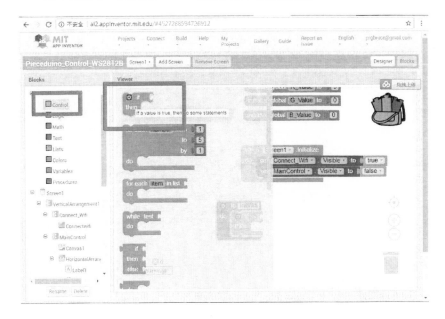

圖 297 拉出 If 判斷式

如下圖所示，我們在 ***initWifi 函數***內完成拉出 ***If 判斷式***。

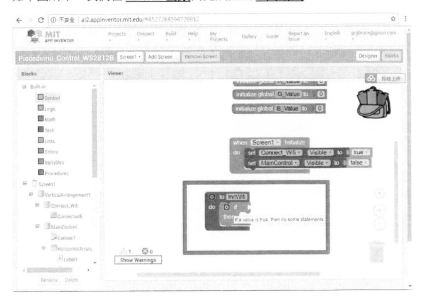

圖 298 完成建立 If 判斷式

如下圖所示，我們在 *initWifi 函數*內完成拉出*連線狀態*內容。

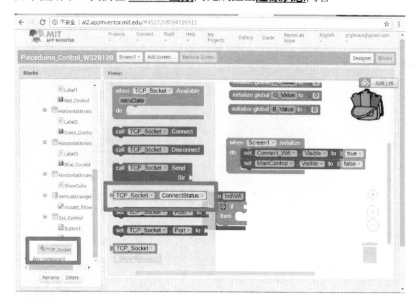

圖 299 拉出連線狀態內容

如下圖所示，我們將拉出：**連線狀態**內容加 *If 判斷式*之後。

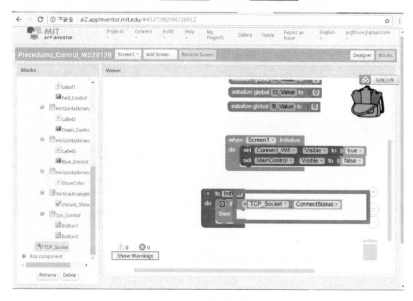

圖 300 填入 If 判斷式之判斷條件

如下圖所示，我們在 *If 判斷式*之判斷條件之內加入：***關閉網路連線***。

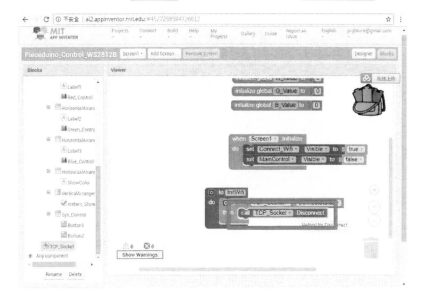

圖 301 關閉網路連線

如下圖所示，我們拉出***設定連線主機之元件***。

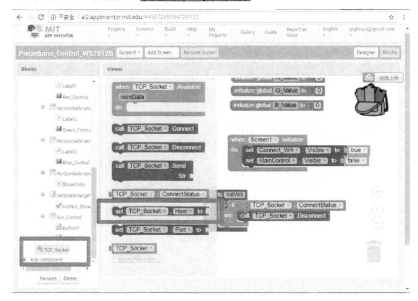

圖 302 拉出設定連線主機之元件

如下圖所示，我們拉出設定連線主機之元件，可以設定要進行網路連線的伺服器名稱或網址，本文為『192.168.4.1』。

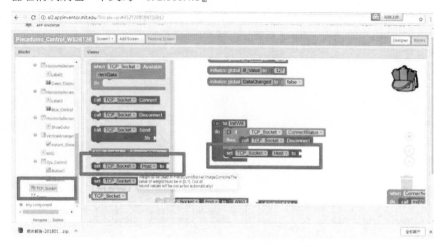

圖 303 建立設定連線主機之元件

　　如下圖所示，我們在拉出連線主機之內容加上下圖所示之**_連線主機之內容_**，也就是要進行網路連線的伺服器名稱或網址，本文為『192.168.4.1』。

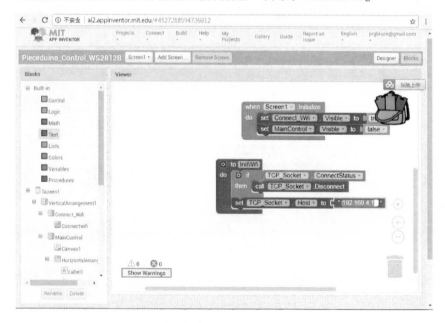

圖 304 填入連線主機之內容

如下圖所示，我們拉出並建立**設定連線主機通訊埠之元件**。

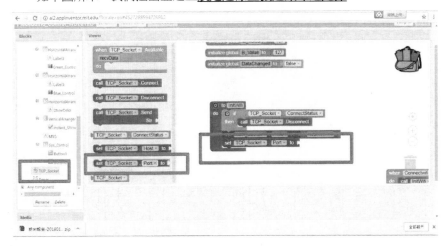

圖 305 拉出並建立設定連線主機通訊埠之元件

如下圖所示，我們再拉出並建立設定連線主機通訊埠之元件之後**填入連線主機通訊埠之內容**，本文為『8080』。

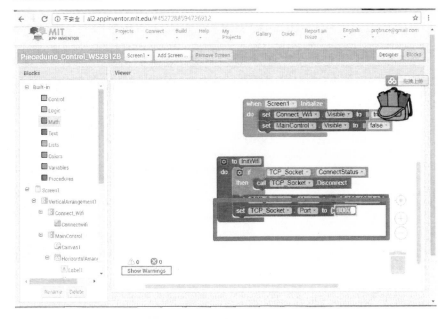

圖 306 填入連線主機通訊埠之內容

如下圖所示，我們拉出建立***網路連線***。

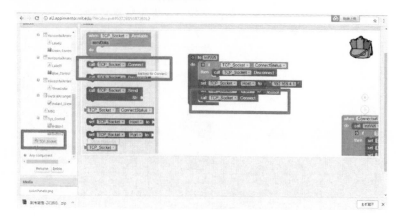

圖 307 建立網路連線

控制程式開發-共用函式設計

本文這部分，主要教讀者設計整個系統所需要的共用函式，這些函數是設計來給系統共用功能運作使用。

建立 Number2Text 函式

如下圖所示，我們建立 ***Number2Text 函式***。

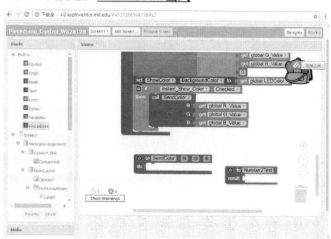

圖 308 建立 Number2Text 函式

如下圖所示，我們將 ***Number2Text 函式***內，打開 ***Number2Text 函式***參數選項

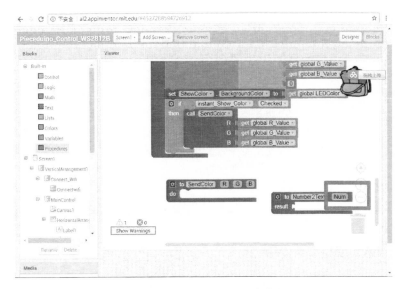

圖 309 打開 Number2Text 函式參數選項

如下圖所示，我們再 *Number2Text 函式*參數選項內，產生 *Number2Text 函式*參

數。

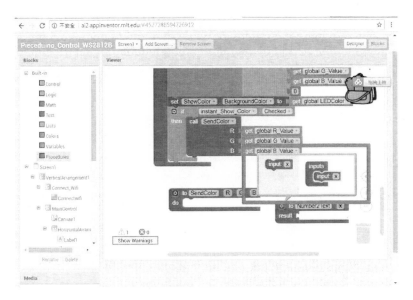

圖 310 產生 Number2Text 函式參數

如下圖所示，我們變更 *Number2Text 函式*參數名稱

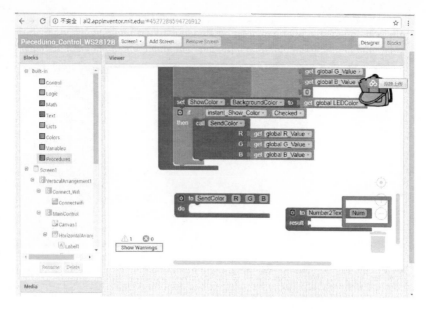

圖 311 變更 Number2Text 函式參數名稱

如下圖所示，我們建立 **_Number2Text 函式_**內容。

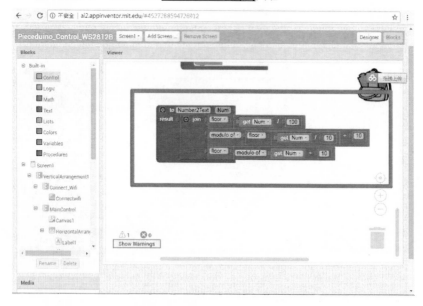

圖 312 建立 Number2Text 函式內容

建立 DisplayColor 函式

如下圖所示，我們建立 DisplayColor 函式。

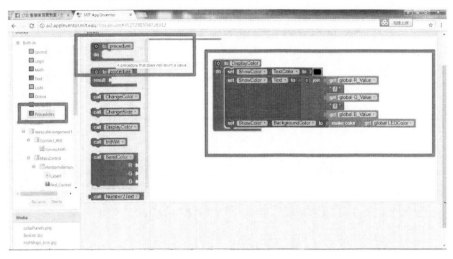

圖 313 建立 DisplayColor 函式

建立 SendColor 函式

如下圖所示，我們建立 **_SendColor 函式_**內容。

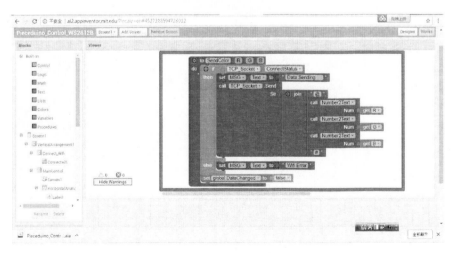

圖 314 建立 SendColor 函式內容

由於 **_SendColor 函式_**會傳送 RGB 控制碼到氣氛燈泡顯示端，我們為了測試是否傳送成功，我們在 Pieceduino 開發板端，會回送一個訊息給手機發送端，所以我們必須增加一個接收回送資料的控制程序，如下圖所示，我們建立氣氛燈泡回送訊息監聽程序，透過 MSG 物件來顯示訊息。

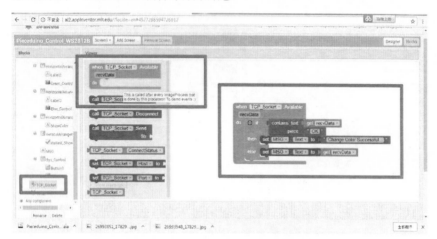

圖 315 建立氣氛燈泡回送訊息監聽程序

建立 DisplayColor 函式

如下圖所示，我們建立 **_DisplayColor 函式_**內容。

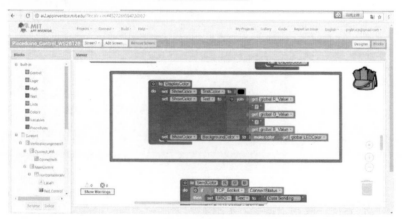

圖 316 建立 DisplayColor 函式內容

建立 ChangeColor 函式

如下圖所示，我們建立 ***ChangeColor 函式***內容。

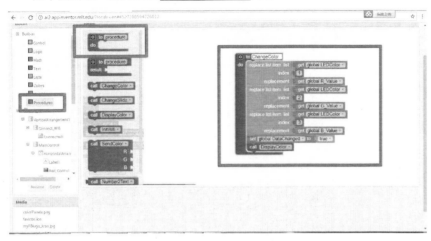

圖 317 建立 ChangeColor 函式內容

建立 ChangeSlide 函式

如下圖所示，我們建立 ***ChangeSlide 函式***內容。

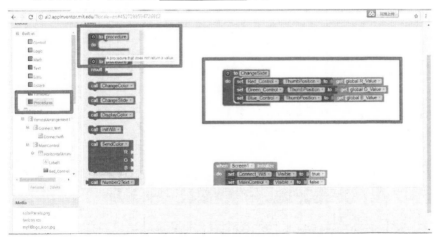

圖 318 建立 ChangeSlide 函式內容

上述我們完成系統所需要使用者自訂函數建置。

控制程式開發-連接氣氛燈泡

連接氣氛燈泡

如下圖所示，一開始，我們必須選擇『連接燈泡』來連接氣氛燈泡。

圖 319 連接氣氛燈泡

所以一開始，我們必須攥寫連接氣氛燈泡程序，如下圖所示，我們攥寫連接氣氛燈泡控制程序。

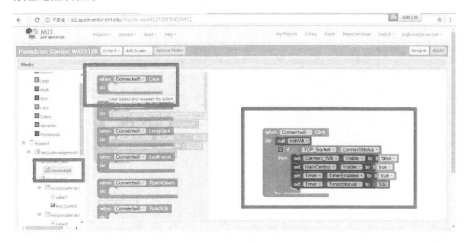

圖 320 連接氣氛燈泡控制程序

在按下連接氣氛燈泡的按鈕時，系統會先連上氣氛燈泡，如果成功連上，會關閉連接網路子畫面，開啟系統主畫面，並啟動***即時顯示自動傳送程序***的控制元件：Timer 元件，並設定 0.5 秒(500 ms)自動啟動該程序。

控制程式開發-使用者操作

變更顏色控制 Bar 設計

如下圖所示，我們攥寫控制紅色顏色的控制程序。

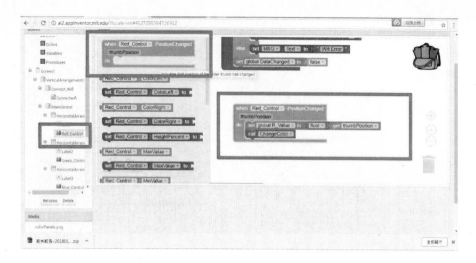

圖 321 控制紅色顏色的控制程序

如下圖所示，我們攥寫控制綠色顏色的控制程序。

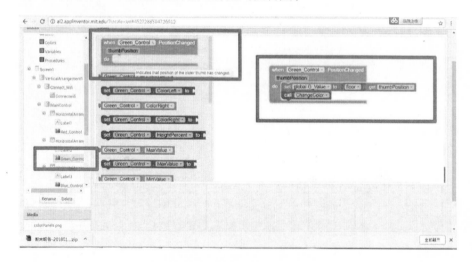

圖 322 控制綠色顏色的控制程序

如下圖所示，我們攥寫控制藍色顏色的控制程序。

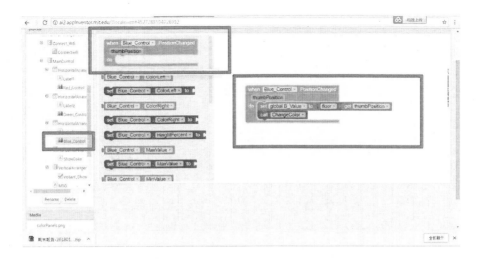

圖 323 控制藍色顏色的控制程序

如下圖所示，上述程序將在使用者使用紅色/綠色/藍色(R/G/B Color)控制 Bar 時，會變動的顏色內容的控制程序之內容。

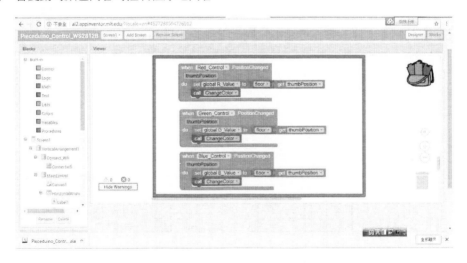

圖 324 Slide 動作處理

傳送變更顏色控制碼設計

如下圖所示，系統在連接熱點(Access Point)正確後，也就是連到氣氛燈泡本身產生的熱點後，且建立 Wifi 通訊後，我們就可以將目前設定的 RGB LED 顏色值，透過『顏色命令字串』傳送到氣氛燈泡後，根據 RGB LED 顏色值改變氣氛燈泡的顏色值。

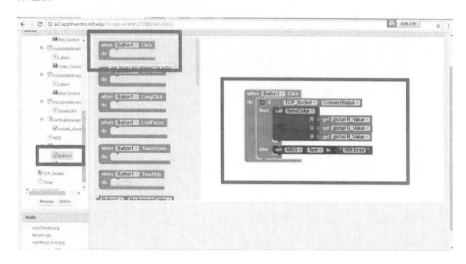

圖 325 透過 Wifi 傳送改變顏色命令字串到氣氛燈泡

　　如下圖所示，我們攢寫離開系統之程序。

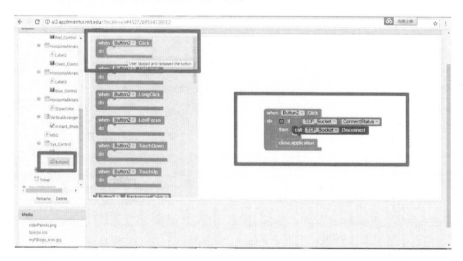

圖 326 離開系統

控制程式開發-即時顯示自動傳送程序

即時顯示自動傳送程序

如下圖所示，我們撰寫即時顯示自動傳送程序。

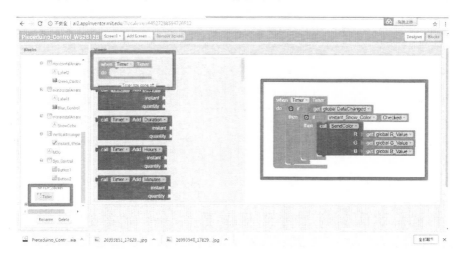

圖 327 即時顯示自動傳送程序

系統測試-啟動 AICompanion

手機測試

首先，如下圖所示，我們在 App Inventor 2 程式模塊編輯畫面之中，在『Connect』的選單下，選取 AICompanion。

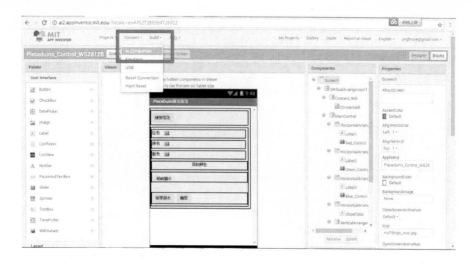

圖 328 啟動手機測試功能

掃描 QR Code

如下圖所示，系統會出現一個 QR Code 的畫面。

圖 329 手機 QRCODE

如下圖所示，我們在使用 Android 的手機、平板，執行已安裝好的『MIT App Inventor 2 Companion』，點選之後進入如下圖。

圖 330 啟動 MIT_AI2_Companion

如下圖所示，我們在選擇『scan QR code，點選之後進入如下圖。

圖 331 掃描 QRCode

如下圖所示，手機會啟動掃描 QR code 的程式功能，這時後只要將手機、平板

的 Camera 鏡頭描準畫面的 QR Code 就可以了。

圖 332 掃描 QRCodeing

　　如下圖所示，如果手機會啟動掃描 QR code 成功的話，系統會回傳 QR Code 碼到如下圖所示的紅框之中。

圖 333 取得 QR 程式碼

如下圖所示，我們點選如下圖所示的紅框之中的『connect with code』，就可以
進入測試程式區。

圖 334 執行程式

系統測試-進入系統

　　如下圖所示，如果程式沒有問題，我們就可以成功進入程式的主畫面。

圖 335 執行程式主畫面

連接氣氛燈泡

如下圖所示，我們先選擇『連接燈泡』來連接氣氛燈泡。

圖 336 連接氣氛燈泡

系統測試-控制 RGB 燈泡並預覽顏色

如下圖所示，如果連接氣氛燈泡成功，則會進入控制 RGB 燈泡的主畫面。

圖 337 系統主畫面

如下圖所示，我們進行測試變更顏色，看看系統回應如何。

圖 338 測試變更顏色

系統測試-控制 RGB 燈泡並實際變更顏色

測試一

如下圖所示，我們進行測試變更顏色，看看系統回應如何，並將改變顏色透過手機 Wifi 裝置，傳送到 RGB 三原色混色資料到開發板上，進行 RGB LED 顏色變更，進而產生想要的顏色。

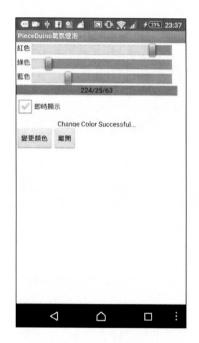

圖 339 顏色測試一

如下圖所示，我們可以見到 WS2812B 全彩燈泡模組以變更對應的顏色。

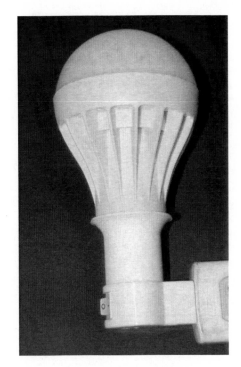

圖 340 燈泡測試顏色一

測試二

　　如下圖所示，我們進行測試變更顏色，看看系統回應如何，並將改變顏色透過手機 Wifi 裝置，傳送到 RGB 三原色混色資料到開發板上，進行 RGB LED 顏色變更，進而產生想要的顏色。

圖 341 顏色測試二

如下圖所示，我們可以見到 WS2812B 全彩燈泡模組以變更對應的顏色。

圖 342 燈泡測試顏色二

測試三

如下圖所示，我們進行測試變更顏色，看看系統回應如何，並將改變顏色透過手機 Wifi 裝置，傳送到 RGB 三原色混色資料到開發板上，進行 RGB LED 顏色變更，進而產生想要的顏色。

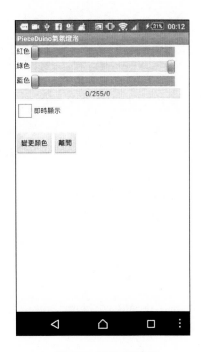

圖 343 顏色測試三

如下圖所示，我們可以見到 WS2812B 全彩燈泡模組以變更對應的顏色。

圖 344 燈泡測試顏色三

結束系統測試

如下圖所示，如果我們要離開系統，按下下圖所示之『離開系統』之按鈕，便可以離開系統。

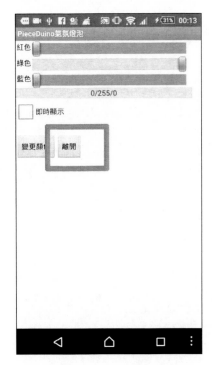

圖 345 按下離開按鈕

章節小結

本章主要介紹之如何透過 APP Inventor 2 來攥寫手機應用系統，進而透過自己寫的手機應用系統來控制 Pieceduino 開發板，進而控制 WS2812B 全彩燈泡模組。

透過本章節的解說，相信讀者會對連接、使用 APP Inventor 2 來攥寫手機應用系統，有更深入的了解與體認。

CHAPTER

進階程式開發色盤功能

上章節介紹，我們已經可以使用 Pieceduino 開發板，整合 Wifi 模組與 RGB 三原色代碼傳輸，已經可以控制氣氛燈泡內的 WS2812B 全彩發光 RGB 模組，但是我們單憑使用紅色、綠色、藍色三個顏色的 Slide Bar 來分別輸入紅色、綠色、藍色單一顏色值，感覺上非常不直覺，而且要選到想要的顏色，且先需要知道該顏色的 RGB 三原色之紅色、綠色、藍色三個顏色各為多少，這是一個非常困難的問題。

鑒於上述原因，筆者希望使用一個更直覺的方式，筆者希望使用色盤的觸控選擇來控制氣氛燈泡內的 WS2812B 全彩發光 RGB 模組，這樣會讓操控氣氛燈泡內的 WS2812B 全彩發光 RGB 模組更加直覺、容易、方便與自然。

開啟原有專案

首先，如下圖所示，我們在 App Inventor 2 中先開起專案目錄。

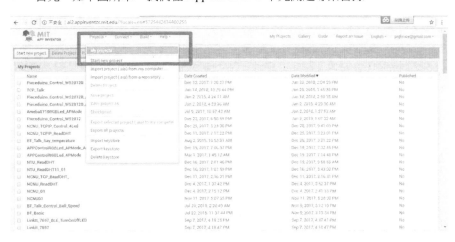

圖 346 開啟專案目錄

首先，如下圖所示為專案目錄畫面。

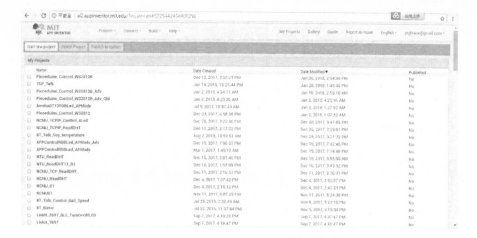

圖 347 顯示專案列表

首先，如下圖所示，選擇原有的專案『Pieceduino_Control_WS2812B』。

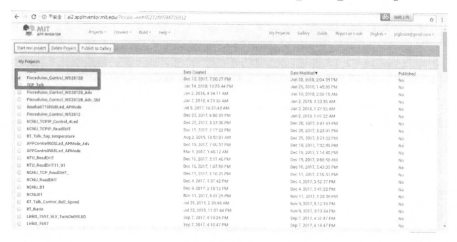

圖 348 選擇原有的專案

首先，如下圖所示，開啟專案後，將專案名稱選擇另存專案之功能。

圖 349 另存新專案

首先，如下圖所示，將原專案另存檔名為『Pieceduino_Control_WS2812B_Adv』。

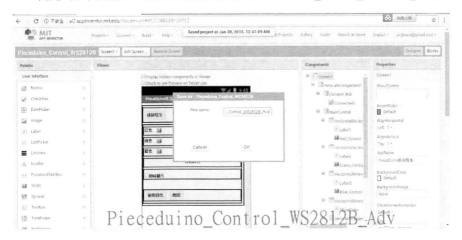

圖 350 另存檔名為 Pieceduino_Control_WS2812B_Adv

修改系統名稱

如下圖所示，我們將系統抬頭修改為『PieceDuino 氣氛燈泡(色盤版)』

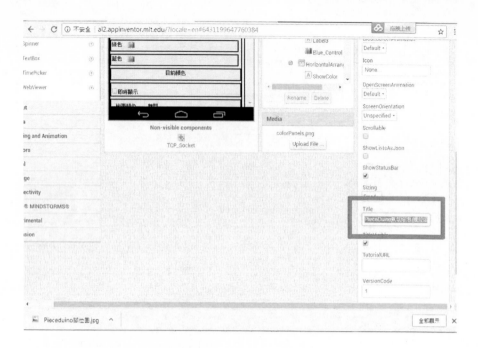

圖 351 修改系統抬頭

如下圖所示，我們將系統名稱修改為『Pieceduino_Control_WS2812B_Adv』

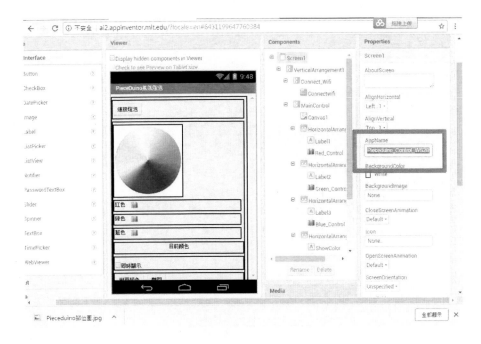

圖 352 修改系統名稱

進行擴增

我們完成修改原有的系統名稱與原有的系統抬頭，開始進行介面擴增之功能。

圖 353 進入進階程式開發

色盤介面

首先，如下圖所示，我們先拉出 Canvas 物件。

圖 354 拉出 Canvas 物件

如下圖所示，我們先上傳圖片資源檔。

圖 355 上傳圖片資源檔

如下圖所示，會出現上傳圖片資源檔對話窗。

圖 356 上傳圖片資源檔對話窗

如下圖所示，請選擇要上傳圖片資源檔。

圖 357 選擇要上傳圖片資源檔

如下圖所示，準備上傳圖片資源。

圖 358 準備上傳圖片資源

如下圖所示，完成上傳圖片資源檔。

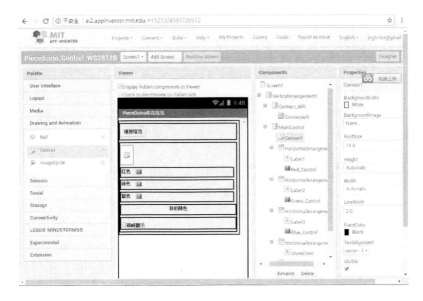

圖 359 完成上傳圖片資源檔

如下圖所示，選擇要顯示的圖片資源。

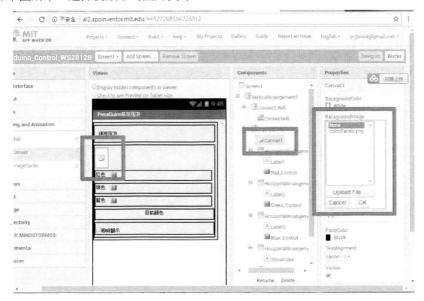

圖 360 選擇要顯示的圖片資源

如下圖所示，選擇剛才上傳圖片資源。

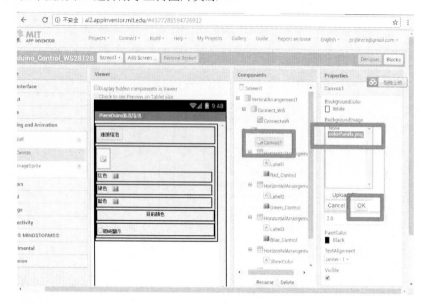

圖 361 選擇剛才上傳圖片資源

如下圖所示，完成選擇圖片動作。

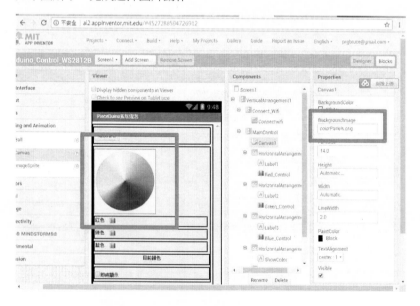

圖 362 完成選擇圖片動作

首先，如下圖所示，我們進行設定 canvas 物件顯示圖片高度。

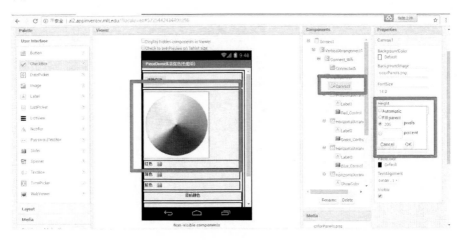

圖 363 設定 canvas 物件顯示圖片高度

首先，如下圖所示，我們進行設定 canvas 物件顯示圖片寬度。

圖 364 設定 canvas 物件顯示圖片寬度

系統對話盒

首先，如下圖所示，我們先拉出 Notifier 對話盒物件。

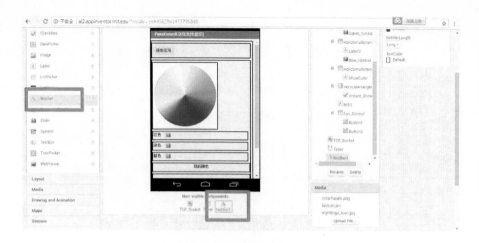

圖 365 拉出 Notifier 對話盒物件

如下圖所示，我們變更 Notifier 對話盒物件的名稱。

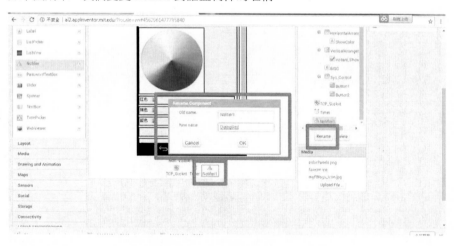

圖 366 變更 Notifier 對話盒物件的名稱

如下圖所示，我們完成變更 Notifier 對話盒物件的名稱。

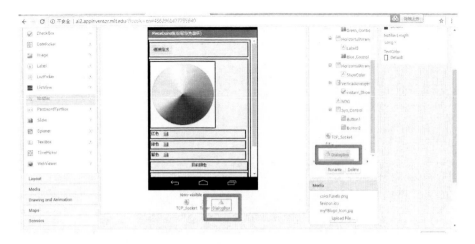

圖 367 完成變更 Notifier 對話盒物件的名稱

控制程式開發-初始化

切換程式設計視窗

如下圖所示，我們為了編修程式，請點選如下圖所示之紅框區『Blocks』按紐。

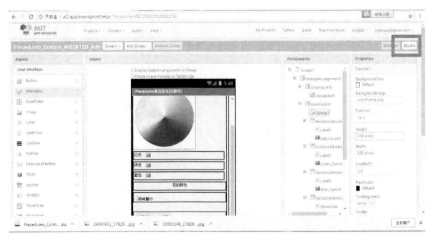

圖 368 切換程式設計模式

如下圖所示，，下圖所示之紅框區為 App Inventor 2 的程式編輯區。

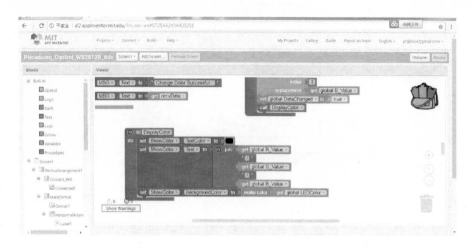

圖 369 目前程式設計模式內容主畫面

控制程式開發-建立變數

如下圖所示，我們在 App Inventor 2 的程式編輯區，我們先行建立變數。

RGB 轉換變數

如下圖所示，我們在 App Inventor 2 的程式編輯區，建立 RGB 轉換變數。

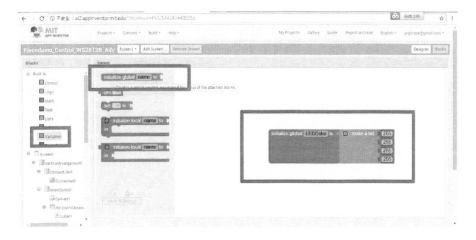

圖 370 建立 RGB 轉換變數

控制程式開發-使用者函式設計

使用者函式設計

如下圖所示,我們在 App Inventor 2 的程式編輯區,修正 DisplayColor 函式。

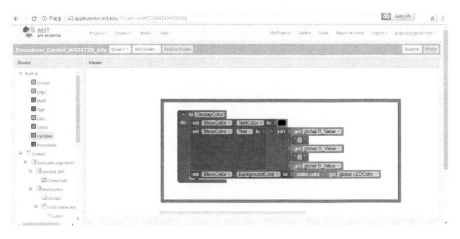

圖 371 修正 DisplayColor 函式

控制程式開發-色盤控制

色盤控制設計

如下圖所示，我們在 App Inventor 2 的程式編輯區，建立設定色盤觸控點。

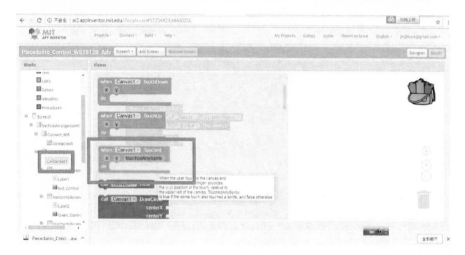

圖 372 設定色盤觸控點

如下圖所示，建立色盤觸控程式內容函式。

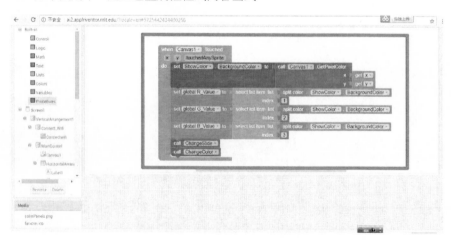

圖 373 建立色盤觸控程式內容函式

當使用者使用色盤觸控後，希望可以連動 RGB Slide Bar 的顏色連動，所以我們必須建立相對應的程序。

如下圖所示，建立色盤觸控連動函式。

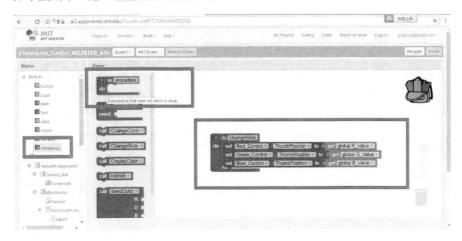

圖 374 建立色盤觸控連動函式

控制程式開發-擴充對話盒視窗

離開系統提示設計

如下圖所示，我們修正離開按鈕：Button2 元件的 Click 程序，修改為如下圖內容。

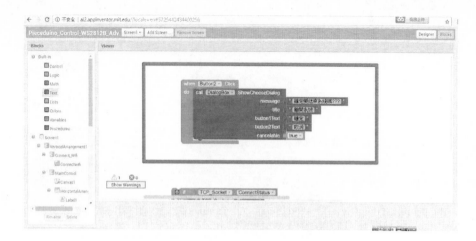

圖 375 修正離開按鈕元件的 Click 程序

在按下離開按鈕之後，會啟動 Button2 元件的 Click 程序之後，當選完共用對話窗之後，我們必須建立共用對話窗之對應程序。

如下圖所示，我們建立共用對話窗之後續處裡程序。

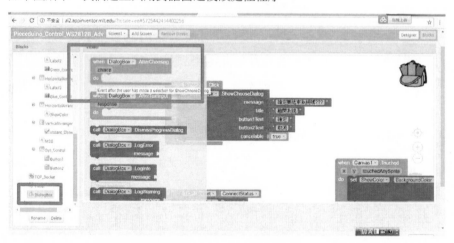

圖 376 建立共用對話窗之後續處裡程序

如下圖所示，我們建立共用對話窗之後續處裡程序內容。

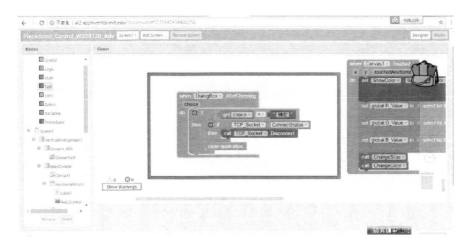

圖 377 建立共用對話窗之後續處裡程序內容

系統測試-啟動 AICompanion

手機測試

首先，如下圖所示，我們在 App Inventor 2 程式模塊編輯畫面之中，在『Connect』的選單下，選取 AICompanion。

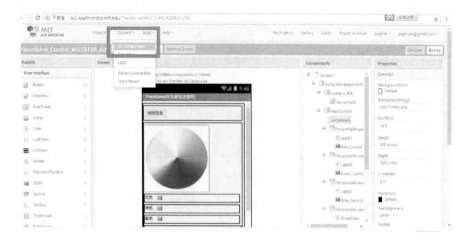

圖 378 啟動手機測試功能

掃描 QR Code

如下圖所示，系統會出現一個 QR Code 的畫面。

圖 379 手機 QRCODE

如下圖所示，我們在使用 Android 的手機、平板，執行已安裝好的『MIT App Inventor 2 Companion』，點選之後進入如下圖。

圖 380 啟動 MIT_AI2_Companion

如下圖所示，我們在選擇『scan QR code，點選之後進入如下圖。

圖 381 掃描 QRCode

如下圖所示，手機會啟動掃描 QR code 的程式功能，這時後只要將手機、平板的 Camera 鏡頭描準畫面的 QR Code 就可以了。

圖 382 掃描 QRCodeing

如下圖所示，如果手機會啟動掃描 QR code 成功的話，系統會回傳 QR Code 碼到如下圖所示的紅框之中。

圖 383 取得 QR 程式碼

如下圖所示，我們點選如下圖所示的紅框之中的『connect with code』，就可以進入測試程式區。

圖 384 執行程式

系統測試-進入系統

如下圖所示，如果程式沒有問題，我們就可以成功進入程式的主畫面。

圖 385 執行程式主畫面

連接氣氛燈泡

如下圖所示，我們先選擇『連接燈泡』來連接氣氛燈泡。

圖 386 連接氣氛燈泡

系統測試-控制 RGB 燈泡

如下圖所示，如果連接氣氛燈泡成功，則會進入控制 RGB 燈泡的主畫面。

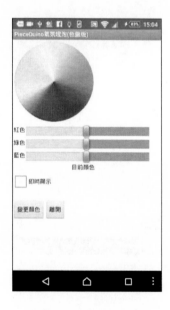

圖 387 系統主畫面

如下圖所示，我們進行測試變更顏色，看看系統回應如何。

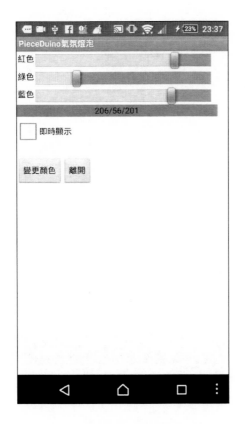

圖 388 測試變更顏色

系統測試-控制 RGB 燈泡並實際變更顏色

測試一

　　如下圖所示，我們進行測試變更顏色，看看系統回應如何，並將改變顏色透過手機 Wifi 裝置，傳送到 RGB 三原色混色資料到開發板上，進行 RGB LED 顏色變更，進而產生想要的顏色。

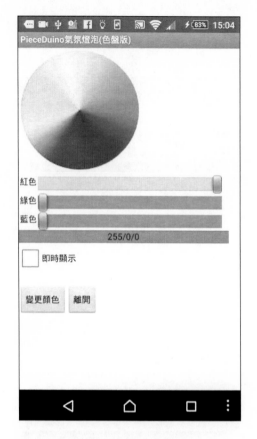

圖 389 顏色測試一

如下圖所示，我們可以見到 WS2812B 全彩燈泡模組以變更對應的顏色。

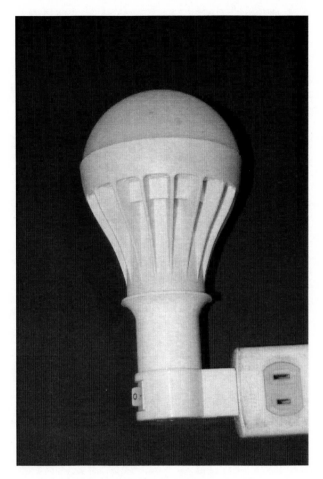

圖 390 燈泡測試顏色一

測試二

　　如下圖所示，我們進行測試變更顏色，看看系統回應如何，並將改變顏色透過手機 Wifi 裝置，傳送到 RGB 三原色混色資料到開發板上，進行 RGB LED 顏色變更，進而產生想要的顏色。

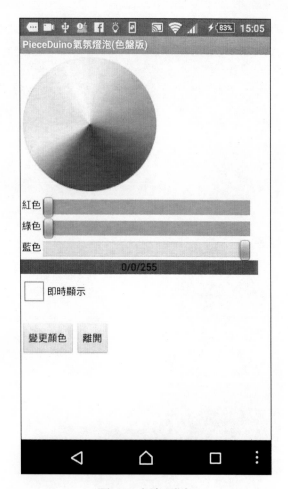

圖 391 顏色測試二

如下圖所示，我們可以見到 WS2812B 全彩燈泡模組以變更對應的顏色。

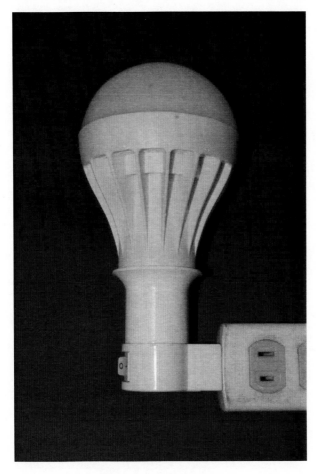

圖 392 燈泡測試顏色二

測試三

　　如下圖所示，我們進行測試變更顏色，看看系統回應如何，並將改變顏色透過手機 Wifi 裝置，傳送到 RGB 三原色混色資料到開發板上，進行 RGB LED 顏色變更，進而產生想要的顏色。

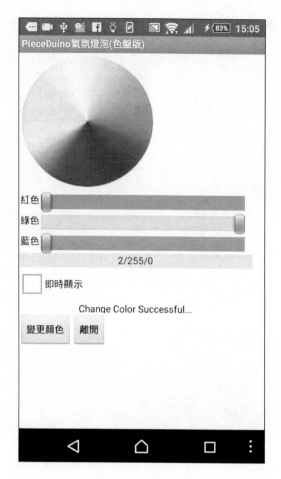

圖 393 顏色測試三

如下圖所示，我們可以見到 WS2812B 全彩燈泡模組以變更對應的顏色。

圖 394 燈泡測試顏色三

結束系統測試

　　如下圖所示，如果我們要離開系統，按下『離開系統』之按鈕，便可以離開系統。

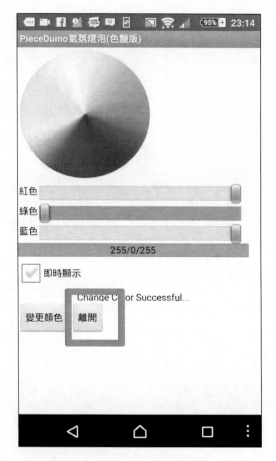

圖 395 按下離開按鈕

　　如果按下『離開系統』之按鈕，如下圖所示，系統會先出現系統對話盒，提示使用者是否真的要離開系統。

圖 396 出現系統對話盒

如果我們要真的離開系統，如下圖所示，請按下『確定』之按鈕，便可以離開
系統。

圖 397 按下確定之按鈕

如下圖所示，離開系統之後，便可以離開系統，而回到系統桌面。

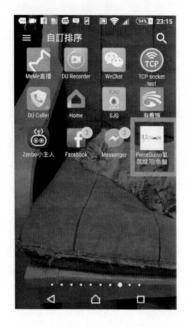

圖 398 回到系統桌面

章節小結

　　本章主要介紹之如何透過 APP Inventor 2 來增強原來 PieceDuino 開發板開發的氣氛燈泡系統，手機應用系統透過色盤版本的程式進階功能，並增加色盤方式選擇燈泡顏色，使整個手機應用系統更加完善，並更簡單 WS2812B 全彩燈泡模組。

　　透過本章節的解說，相信讀者會對連接、使用 APP Inventor 2 來攝寫專業級的手機應用系統，有更深入的了解與體認。

本書總結

筆者對於 Arduino 相關的書籍，也出版許多書籍，感謝許多有心的讀者提供筆者許多寶貴的意見與建議，筆者群不勝感激，許多讀者希望筆者可以推出更多的教學書籍與產品開發專案書籍給更多想要進入『物聯網』、『智慧家庭』這個未來大趨勢，所有才有這個系列的產生。

本系列叢書的特色是一步一步教導大家使用更基礎的東西，來累積各位的基礎能力，讓大家能更在 Maker 自造者運動中，可以拔的頭籌，所以本系列是一個永不結束的系列，只要更多的東西被製造出來，相信筆者會更衷心的希望與各位永遠在這條 Maker 路上與大家同行。

附錄

Pieceduino 腳位圖

RESET BUTTON

~ D13
GND
VIN
5V
3V3
A0
A1
A2
A3
A4

D12
D11 ~
D10 ~
D9 ~
D8
D7
D6 ~
D5 ~
D4
D3 ~

A5

D2

AREF SCK MO MI SS RST D0 D1

燈泡變壓器腳位圖

输入

输出

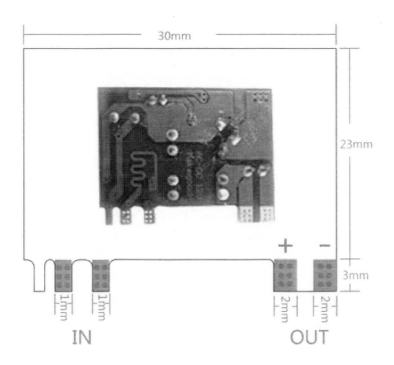

IN

OUT

參考文獻

曹永忠. (2017). 智慧家居-透過 TCP/IP 控制家居彩色燈泡. *Circuit Cellar 嵌入式科技*(國際中文版 NO.6), 82-96.

曹永忠, 吳佳駿, 許智誠, & 蔡英德. (2016a). *Ameba 气氛灯程序开发 (智能家庭篇):Using Ameba to Develop a Hue Light Bulb (Smart Home)* (初版 ed.). 台湾、彰化: 渥瑪數位有限公司.

曹永忠, 吳佳駿, 許智誠, & 蔡英德. (2016b). *Ameba 氣氛燈程式開發 (智慧家庭篇):Using Ameba to Develop a Hue Light Bulb (Smart Home)* (初版 ed.). 台湾、彰化: 渥瑪數位有限公司.

曹永忠, 吳佳駿, 許智誠, & 蔡英德. (2016c). *Ameba 程式設計(基礎 篇):Ameba RTL8195AM IOT Programming (Basic Concept & Tricks)* (初版 ed.). 台湾、彰化: 渥瑪數位有限公司.

曹永忠, 吳佳駿, 許智誠, & 蔡英德. (2016d). *Ameba 程序设计(基础 篇):Ameba RTL8195AM IOT Programming (Basic Concept & Tricks)* (初版 ed.). 台湾、彰化: 渥瑪數位有限公司.

曹永忠, 吳佳駿, 許智誠, & 蔡英德. (2017a). *Ameba 程式設計(物聯網 基礎篇):An Introduction to Internet of Thing by Using Ameba RTL8195AM* (初 版 ed.). 台湾、彰化: 渥瑪數位有限公司.

曹永忠, 吳佳駿, 許智誠, & 蔡英德. (2017b). *Ameba 程序设计(物联网 基础篇):An Introduction to Internet of Thing by Using Ameba RTL8195AM* (初 版 ed.). 台湾、彰化: 渥瑪數位有限公司.

曹永忠, 吳佳駿, 許智誠, & 蔡英德. (2017c). *Arduino 程式設計教學(技 巧篇):Arduino Programming (Writing Style & Skills)* (初版 ed.). 台湾、彰化: 渥瑪數位有限公司.

曹永忠, 吳佳駿, 許智誠, & 蔡英德. (2017d). *藍芽氣氛燈程式開發(智 慧家庭篇) (Using Nano to Develop a Bluetooth-Control Hue Light Bulb (Smart Home Series))* (初版 ed.). 台湾、彰化: 渥瑪數位有限公司.

曹永忠, 吳佳駿, 許智誠, & 蔡英德. (2017e). *蓝芽气氛灯程序开发(智 能家庭篇) (Using Nano to Develop a Bluetooth-Control Hue Light Bulb (Smart Home Series))* (初版 ed.). 台湾、彰化: 渥瑪數位有限公司.

曹永忠, 許智誠, & 蔡英德. (2014a). *Arduino 手搖字幕機開發:The Development of a Magic-led-display based on Persistence of Vision* (初版 ed.). 台灣、彰化: 渥瑪數位有限公司.

曹永忠, 許智誠, & 蔡英德. (2014b). *Arduino 手摇字幕机开发: Using Arduino to Develop a Led Display of Persistence of Vision*. 台湾、彰化: 渥瑪數 位有限公司.

曹永忠, 許智誠, & 蔡英德. (2014c). *Arduino 光立體魔術方塊開發:The Development of a 4 * 4 Led Cube based on Persistence of Vision* (初版 ed.). 台灣、彰化: 渥瑪數位有限公司.

曹永忠, 許智誠, & 蔡英德. (2014d). *Arduino 旋轉字幕機開發: The Development of a Propeller-led-display based on Persistence of Vision.* 台灣、彰化: 渥瑪數位有限公司.

曹永忠, 許智誠, & 蔡英德. (2014e). *Arduino 旋转字幕机开发: Using Arduino to Develop a Propeller-led-display based on Persistence of Vision.* 台湾、彰化: 渥瑪數位有限公司.

曹永忠, 許智誠, & 蔡英德. (2015a). *Arduino 手机互动编程设计基础篇:Using Arduino to Develop the Interactive Games with Mobile Phone via the Bluetooth* (初版 ed.). 台灣、彰化: 渥瑪數位有限公司.

曹永忠, 許智誠, & 蔡英德. (2015b). *Arduino 手機互動程式設計基礎篇:Using Arduino to Develop the Interactive Games with Mobile Phone via the Bluetooth* (初版 ed.). 台灣、彰化: 渥瑪數位有限公司.

曹永忠, 許智誠, & 蔡英德. (2015c). *Arduino 程式教學(入門篇):Arduino Programming (Basic Skills & Tricks)* (初版 ed.). 台湾、彰化: 渥玛数位有限公司.

曹永忠, 許智誠, & 蔡英德. (2015d). *Arduino 程式教學(常用模組篇):Arduino Programming (37 Sensor Modules)* (初版 ed.). 台灣、彰化: 渥瑪數位有限公司.

曹永忠, 許智誠, & 蔡英德. (2015e). *Arduino 程式教學(無線通訊篇):Arduino Programming (Wireless Communication)* (初版 ed.). 台灣、彰化: 渥瑪數位有限公司.

曹永忠, 許智誠, & 蔡英德. (2015f). *Arduino 編程教学(入门篇):Arduino Programming (Basic Skills & Tricks)* (初版 ed.). 台湾、彰化: 渥玛数位有限公司.

曹永忠, 許智誠, & 蔡英德. (2015g). *Arduino 编程教学(无线通讯篇):Arduino Programming (Wireless Communication)* (初版 ed.). 台灣、彰化: 渥瑪數位有限公司.

曹永忠, 許智誠, & 蔡英德. (2015h). *Arduino 编程教学(常用模块篇):Arduino Programming (37 Sensor Modules)* (初版 ed.). 台灣、彰化: 渥瑪數位有限公司.

曹永忠, 許智誠, & 蔡英德. (2016a). *Arduino 空气盒子随身装置设计与开发(随身装置篇): Using Arduino to Develop a Portable PM 2.5 Monitoring Device* (初版 ed.). 台灣、彰化: 渥瑪數位有限公司.

曹永忠, 許智誠, & 蔡英德. (2016b). *Arduino 空氣盒子隨身裝置設計與開發(隨身裝置篇) : Using Arduino to Develop a Portable PM 2.5 Monitoring Device* (初版 ed.). 台灣、彰化: 渥瑪數位有限公司.

曹永忠, 許智誠, & 蔡英德. (2016c). *Arduino 程式教學(基本語法篇):Arduino Programming (Language & Syntax)* (初版 ed.). 台灣、彰化: 渥瑪數位有限公司.

曹永忠, 許智誠, & 蔡英德. (2016d). *Arduino 程序教学(基本语法篇):Arduino Programming (Language & Syntax)* (初版 ed.). 台灣、彰化: 渥瑪數位有限公司.

曹永忠, 許智誠, & 蔡英德. (2017a). *Ameba 8710 Wifi 气氛灯硬件开发(智慧家庭篇) (Using Ameba 8710 to Develop a WIFI-Controled Hue Light Bulb (Smart Home Serise))* (初版 ed.). 台灣、彰化: 渥瑪數位有限公司.

曹永忠, 許智誠, & 蔡英德. (2017b). *Ameba 8710 Wifi 氣氛燈硬體開發(智慧家庭篇) (Using Ameba 8710 to Develop a WIFI-Controled Hue Light Bulb (Smart Home Serise))* (初版 ed.). 台灣、彰化: 渥瑪數位有限公司.

曹永忠, 郭晉魁, 吳佳駿, 許智誠, & 蔡英德. (2017). *Arduino 程序设计教学(技巧篇):Arduino Programming (Writing Style & Skills)* (初版 ed.). 台灣、彰化: 渥瑪數位有限公司.

曹永忠, 蔡佳軒, 許智誠, & 蔡英德. (2015a). *Arduino 智慧电力监控(手机篇):Using Arduino to Develop an Advanced Monitoring Device of the Power-Socket* (初版 ed.). 台灣、彰化: 渥瑪數位有限公司.

曹永忠, 蔡佳軒, 許智誠, & 蔡英德. (2015b). *Arduino 智慧電力監控(手機篇):Using Arduino to Develop an Advanced Monitoring Device of the Power-Socket* (初版 ed.). 台灣、彰化: 渥瑪數位有限公司.

曹永忠, 許智诚, & 蔡英德. (2014). *Arduino 光立体魔术方块开发: Using Arduino to Develop a 4* 4 Led Cube based on Persistence of Vision.* 台灣、彰化: 渥瑪數位有限公司.

維基百科. (2016, 2016/011/18). 發光二極體. Retrieved from https://zh.wikipedia.org/wiki/%E7%99%BC%E5%85%89%E4%BA%8C%E6%A5%B5%E7%AE%A1

Pieceduino 氣氛燈程式開發（智慧家庭篇）
Using Pieceduino to Develop a WIFI-Controlled Hue Light Bulb (Smart Home Series)

作　　者：曹永忠、許智誠、蔡英德

發 行 人：黃振庭

出 版 者：崧燁文化事業有限公司

發 行 者：崧燁文化事業有限公司

E-mail：sonbookservice@gmail.com

粉 絲 頁：https://www.facebook.com/
　　　　　sonbookss/

網　　址：https://sonbook.net/

地　　址：台北市中正區重慶南路一段六十一號八
　　　　　樓 815 室

Rm. 815, 8F., No.61, Sec. 1, Chongqing S. Rd.,
Zhongzheng Dist., Taipei City 100, Taiwan

電　　話：(02) 2370-3310

傳　　真：(02) 2388-1990

印　　刷：京峯彩色印刷有限公司（京峰數位）

律師顧問：廣華律師事務所 張珮琦律師

國家圖書館出版品預行編目資料

Pieceduino 氣氛燈程式開發. 智
慧家庭篇 = Using Pieceduino to
Develop a WIFI-Controlled Hue
Light Bulb (Smart Home Series)/
曹永忠, 許智誠, 蔡英德著 . -- 第
一版 . -- 臺北市：崧燁文化事業有
限公司 , 2022.03
　面；　公分
POD 版
ISBN 978-626-332-085-7(平裝)
1.CST: 微電腦 2.CST: 電腦程式語
言
471.516 111001403

定　　價：460 元

發行日期：2022 年 03 月第一版

◎本書以 POD 印製

電子書購買

臉書